优质厚皮甜瓜标准化生产技术

常高正　尚泓泉　梁　慎　主编

中原农民出版社

·郑州·

图书在版编目（CIP）数据

优质厚皮甜瓜标准化生产技术 / 常高正, 尚泓泉, 梁慎
主编. —郑州：中原农民出版社, 2023.3（2023.6重印）
ISBN 978-7-5542-2686-5

Ⅰ.①优… Ⅱ.①常… ②尚… ③梁… Ⅲ.①甜瓜–
蔬果园艺–标准化 Ⅳ.①S652

中国国家版本馆CIP数据核字（2023）第024550号

优质厚皮甜瓜标准化生产技术
YOUZHI HOUPI TIANGUA BIAOZHUNHUA SHENGCHAN JISHU

出 版 人：	刘宏伟
策划编辑：	段敬杰
责任编辑：	苏国栋
责任校对：	李秋娟
责任印制：	孙 瑞
装帧设计：	杨 柳

出版发行：中原农民出版社
　　　　　地址：郑州市郑东新区祥盛街 27 号　　邮编：450016
　　　　　电话：0371-65713859（发行部）　　0371-65788651（编辑部）
经　　销：全国新华书店
印　　刷：河南普庆印刷科技有限公司
开　　本：787mm×1092mm　1/16
印　　张：9
字　　数：155 千字
版　　次：2023 年 5 月第 1 版
印　　次：2023 年 6 月第 2 次印刷
定　　价：28.00 元

如发现印装质量问题，影响阅读，请与印刷公司联系调换。

本书编委会

主　编　常高正　尚泓泉　梁　慎

副主编（排名不分先后）

　　　　赵卫星　李晓慧　康利允　高宁宁　杨　凡　王　彬

参　编（排名不分先后）

　　　　毛　丹　王兴荣　李　海　荆艳彩　牛屹立　朱卫东

　　　　胡永博　李海伦　王慧颖　李秋芳　王俊超　朱卫红

　　　　徐竹莲

致 谢

河南省西甜瓜产业技术体系

河南省蜜瓜产业科技特派员服务团

现代农业科技综合示范县

项目支持

目录

一、概述

甜瓜因瓜肉味甜而得名，又因其果实具有独特的芳香气味而被称为香瓜，是葫芦科甜瓜属，中幼果无刺、成熟果味甜的栽培种，一年生蔓生草本植物。甜瓜因其具有良好的食用价值和药用价值而在世界各地广泛种植，深受人们的喜爱。

甜瓜起源于非洲，经埃及传入中亚和印度，分化为厚皮甜瓜和薄皮甜瓜。甜瓜在我国栽培历史悠久，早在3 000多年前的《诗经》中就有记载。此后的大量古籍中均有这方面的文字记载。根据古籍记载和出土文物，大致推断，我国从商周时期就开始种植甜瓜。中部的关中，南部的长沙、洞庭，西部的敦煌、吐鲁番等地是最早种植甜瓜的地区。

（一）世界甜瓜生产现状与发展趋势

1. 世界甜瓜生产现状　甜瓜作为世界重要的水果作物之一，在世界五大洲均有种植。自20世纪90年代以来，世界甜瓜产业进入快速稳步发展时期，甜瓜的产量、栽培面积和产值都不断攀新高，从世界甜瓜的总产量和栽培面积情况来看，世界甜瓜的总产量和栽培面积都呈现出基本相同的快速稳定发展态势。甜瓜的主要生产国有中国、伊朗、土耳其、埃及、美国。

1）全球甜瓜栽培面积及分布　全球甜瓜栽培面积从2010年的112.3万公顷下滑到2019年的104.0万公顷，减少了8.3万公顷，降幅达到7.39%（图1-1）。

2019年全球甜瓜栽培面积前三名的国家依次为中国、土耳其和印度，三个国家甜瓜栽培面积之和占到全球甜瓜栽培面积的50%，我国的甜瓜栽培面积为38.4万公顷，占全球的36.92%；土耳其甜瓜栽培面积为7.9万公顷，占全球的为7.6%；印度甜瓜栽培面积为5.7万公顷，占全球的5.48%。从区域分布来看，在全球甜瓜栽培面积排名前十的国家中，有5个亚洲国家、2个欧洲国家、2个北美洲国家和1个非洲国家，这10个国家拥有全球71.94%的甜瓜栽培面积（图1-2）。

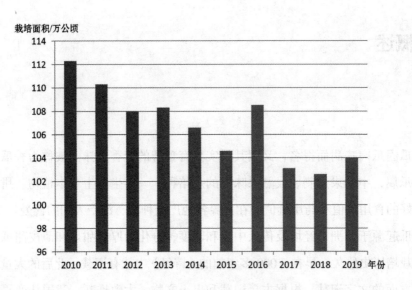

图1-1 2010～2019年全球甜瓜栽培面积

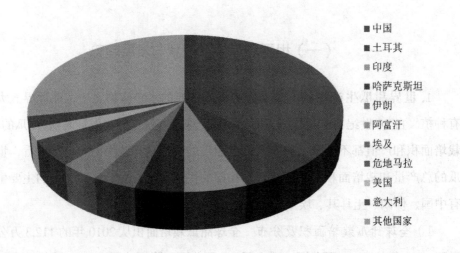

- ■ 中国
- ■ 土耳其
- ■ 印度
- ■ 哈萨克斯坦
- ■ 伊朗
- ■ 阿富汗
- ■ 埃及
- ■ 危地马拉
- ■ 美国
- ■ 意大利
- ■ 其他国家

图1-2 2019年全球甜瓜栽培面积分布

2）全球甜瓜产量发展状况 2010年，全球甜瓜单位面积产量为23.22吨/公顷，2019年，全球甜瓜单位面积产量达26.45吨/公顷，增量达3.23吨/公顷，增幅为13.91%，年复合增长率约为1.46%（图1-3）。

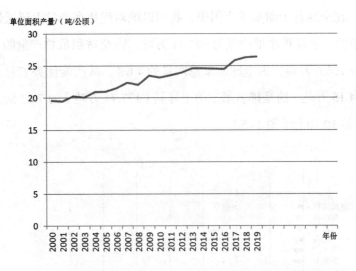

图1-3 全球甜瓜单位面积产量变化趋势

2019年全球甜瓜单位面积产量（图1-4）排名前三的国家分别是塞浦路斯、洪都拉斯和巴林。塞浦路斯属亚热带地中海型气候，夏季干热，冬季温湿，全年光照天数达300天左右。优越的自然条件以及现代化水肥一体化技术的应用，使得塞浦路斯成为全球甜瓜单位面积产量最高的国家。洪都拉斯北临加勒比海，南濒太平洋，沿海平原属热带雨林气候，年平均气温27℃；中部山区凉爽干燥，年平均气温23℃。巴林是位于波斯湾西南部的岛国，属热带沙漠气候，夏季炎热、潮湿，7～9月平均气温为36℃；冬季温凉时有降雨，12月至翌年2月平均气温10～20℃。其他时间（3～5月、10～11月）气温在20～30℃。

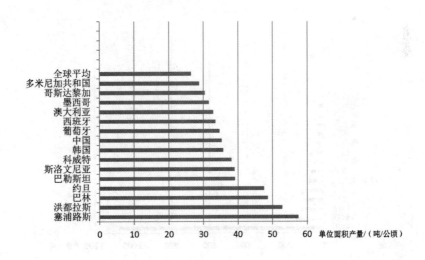

图1-4 2019年全球甜瓜单位面积产量

2019 年，在全球各个甜瓜主产国中，我国以绝对优势在产量上遥遥领先，其次是土耳其和印度。土耳其甜瓜产量为 177.71 万吨，占全球甜瓜总产量的 6.46%；印度甜瓜产量为 126.6 万吨，占全球甜瓜总产量的 4.6%。从产能优势来看，我国的甜瓜产量（1 354.15 万吨）约是排名第二的土耳其（177.71 万吨）的 7.62 倍，约是印度（126.6 万吨）的 10.70 倍（图 1-5）。

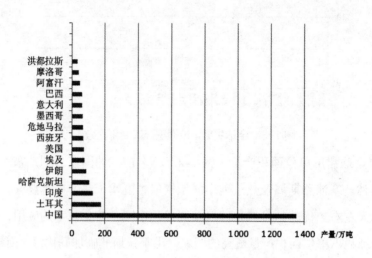

图 1-5　2019 年全球甜瓜主产国产量

我国是全球最大的甜瓜消费国，2018 年，在全球各个国家和地区中，甜瓜食物供应量排名前三的国家分别是中国、伊朗和印度，甜瓜食物供应量分别是 1 075.6 万吨、144.54 万吨和 113.1 万吨（图 1-6）。

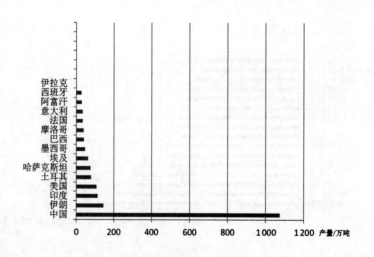

图 1-6　2018 年部分国家甜瓜食物供应量

3）全球甜瓜贸易状况　全球甜瓜产量每年都在增长，且随着全球经济一体化的进一步发展，甜瓜国际贸易也日益发展壮大。西班牙、危地马拉、巴西是全球甜瓜出口量排名前三的国家，美国、荷兰、法国是全球甜瓜进口量排名前三的国家。

2. 世界甜瓜发展趋势　随着全球社会的发展，人们生活水平的不断提高，人们对于食品安全的意识也在不断提高，积极发展绿色、安全、无公害甜瓜生产将是今后甜瓜产业发展的必然趋势。在甜瓜育种方面，通过引进、协作等措施，积极培育高效、抗病、优质甜瓜品种；在技术研发方面，要不断加强对于嫁接技术、测土施肥等甜瓜绿色、安全、无公害栽培技术的研究与推广；在病虫害防治方面，要广泛推广和应用农业防治、生物防治、综合防治等防治措施，减少对于化学农药的依赖；在生产设施方面，要逐步提高甜瓜生产的科学化、机械化、标准化水平；在甜瓜流通方面，大力开发储运、保鲜技术，降低储运损耗，延长产品货架期。

（二）我国甜瓜生产现状及发展对策

1. 我国甜瓜生产现状

1）我国甜瓜栽培面积及分布　在全球甜瓜栽培面积波动减少的大环境下，我国甜瓜栽培面积近十年间整体呈现波动增长的趋势，具体可分为两个阶段，2010～2012年的减少阶段，2013～2019年的波动增长阶段。2010～2019年，我国的甜瓜栽培面积由2010年的35.45万公顷，增长到2019年的38.4万公顷，增量达2.95万公顷，增幅为8.3%，年复合增长率约为0.88%（图1-7）。

从空间区域分布来看，我国甜瓜栽培集中在华东（27.01%）、中南（26.11%）、西北（23.58%）三大区域，其中新疆、河南、山东是我国甜瓜栽培面积排名前三的省级行政区。2018年，新疆拥有甜瓜栽培面积5.80万公顷，占我国甜瓜栽培面积的15.41%；河南拥有甜瓜栽培面积4.65万公顷，占我国甜瓜栽培面积的12.36%；山东拥有甜瓜栽培面积4.16万公顷，占我国甜瓜栽培面积中的11.05%。2009年，我国甜瓜栽培面积排名前十的省级行政区甜瓜栽培面积之和占我国甜瓜栽培面积的78.14%；2018年，降为75.27%，生产集中度小幅度下降（图1-8）。

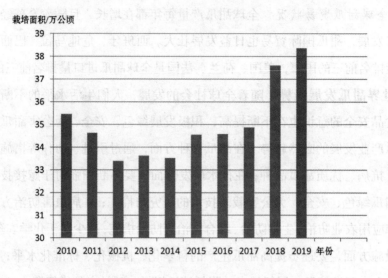

图1-7 2010～2019年我国甜瓜栽培面积变化趋势

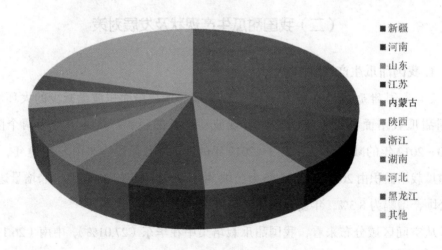

图1-8 2018年中国甜瓜栽培面积分布

2）我国甜瓜产量状况 2010年，我国的甜瓜单位面积产量为30.63吨/公顷，比全球平均甜瓜单位面积产量高出7.41吨/公顷；2019年，我国甜瓜单位面积产量增至35.29吨/公顷，较全球平均水平（26.45吨/公顷）高出8.84吨/公顷，与全球平均水平的差距进一步拉大。从变化趋势来看，2010～2019年，我国的甜瓜单位面积产量提升了4.66吨/公顷，增幅为15.21%，年复合增长率约为1.68%，总体呈增长趋势。但自2016年以来，我国甜瓜单位面积产量保持在35吨/公顷附近波动，增长趋势有所放缓（图1-9）。

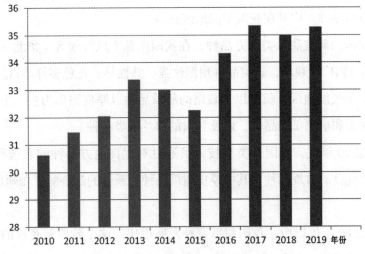

图 1-9　2018 年我国甜瓜单位面积的产量

从各省（自治区、直辖市）单位面积产量对比来看，河北省是我国甜瓜单位面积产量最高的省，2018 年，河北省甜瓜单位面积产量为 58.94 吨 / 公顷，遥遥领先于其他省（自治区、直辖市）；山东省单位面积产量为 48.76 吨 / 公顷，位列全国第二；甘肃省以 47.63 吨 / 公顷位列全国第三。其他省（自治区、直辖市）中，河南省（42.37吨 / 公顷）、天津市（40.19 吨 / 公顷）、陕西省（39.07 吨 / 公顷）、辽宁省（37.21吨 / 公顷）、上海市（36.62 吨 / 公顷）5 个省级行政区甜瓜单位面积产量高于全国平均水平（34.99 吨 / 公顷）（图 1-10）。

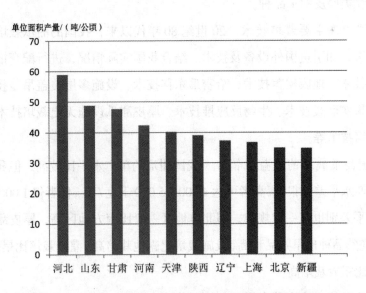

图 1-10　2010～2019 年我国甜瓜生产主要省单位面积的产量

3）我国甜瓜栽培品种　我国幅员辽阔、气候类型多样，因此，世界上各种类型的甜瓜栽培品种，均可在我国不同地区栽培。

原产我国的薄皮甜瓜类地方品种，在我国东部季风气候区（华北、东北和长江中下游地区）内广泛栽培，这类品种耐湿性强、熟性早、花色多样丰富。

西北干旱气候地区，长期以来栽培的甜瓜品种以厚皮甜瓜为主，主要是新疆的中晚熟哈密瓜和早熟瓜类品种，以及甘肃的白兰瓜类品种。

20世纪70年代，我国瓜类科技人员通过对优良地方品种的系选和杂交育种，育出了一些优良的常规品种，其中厚皮甜瓜品种有新疆的红心脆、伽师瓜、网纹香、含笑等。

20世纪80年代以后，我国甜瓜育种发展很快，这个阶段新育成的品种绝大部分是杂交一代种，常规品种也有，但比较少，而且多数都是厚皮甜瓜品种，其中有厚皮甜瓜中的皇后与新皇后等同类品种，以及适于华南地区温室无土栽培的金凤凰、绿皮9818等；另外，20世纪80年代还先后从日本及我国台湾引进了一些厚皮甜瓜（通称西洋甜瓜或洋香瓜）优质早中熟品种，种植后，表现很好、效益较高，迅速在东部地区大棚内推广发展。特别是近几年育成的厚皮甜瓜西州蜜25、西州蜜17、众云18、众云20、众云25、耀珑25、玉兰香、兰蜜28等甜瓜新品种成为海南和大棚主栽品种，如以伊丽莎白、久红瑞、金香玉为代表的黄色光皮类品种，以西薄洛托为代表的白色光皮类品种，以中甜一号、玉金香为代表的厚皮甜瓜，另外还有少量网纹和半网纹类厚皮甜瓜品种。

4）我国甜瓜主要栽培技术　20世纪80年代以来，我国的甜瓜栽培技术进行了不断的改进，如引进国外设备及技术。结合我国实际情况，进行配套推广的技术有间作套种技术、地膜覆盖技术、哈密瓜东移技术、设施多层覆盖吊蔓技术、蜜蜂授粉技术、果实套袋技术、生物反应堆技术、厚皮甜瓜设施无土栽培技术和无公害绿色甜瓜栽培技术等。

5）我国甜瓜栽培的效益与销售　我国甜瓜的单产水平比较高，但我国各地的甜瓜实际单产水平差别很大，高者可达4 000~5 000千克/亩，低者仅1 000千克/亩。这种单产水平差别也有一定规律，即北方地区一般比南方地区高，厚皮甜瓜比薄皮甜瓜高，中晚熟品种比早熟品种高，设施栽培比露地栽培高，灌溉栽培比旱地栽培高，集约化栽培比粗放栽培高。

厚皮甜瓜栽培方式多种多样，一年可栽培多茬口。而不同品种类型、栽培茬口及不同设施类型的栽培效益差异很大。由于受地区、品种、茬次、栽培方式等因素的综合影响,甜瓜在全国不同月份的销售价格存在明显差异。

以河南省栽培的甜瓜为例,根据国家西甜瓜产业技术体系郑州综合试验站2020年统计,就不同栽培方式而言,厚皮甜瓜日光温室栽培平均产量最高,其次为大中拱棚栽培,再次为小拱棚栽培,以露地栽培的产量最低,栽培面积以大中棚面积最大(表1-1)。

表1-1 2020年河南省厚皮甜瓜不同栽培方式的面积与产量比较

	栽培面积/万公顷	平均产量/(千克/亩)	总产量/万吨
日光温室	0.09	3 578.68	4.83
大中棚	3.12	3 560.54	166.63
小拱棚	0.11	2 897.88	4.78
露地	0	0	0
合计	3.32	—	176.24

因气候等原因,目前在河南省只有采取设施栽培,才能保证厚皮甜瓜的正常生长发育。为提高收入,采取日光温室冬春茬或大拱棚早春栽培,一般在11月至翌年2月播种,4月中旬至6月中旬收获上市。采用日光温室栽培,多茬留瓜,每亩产量可达到4 000~5 000千克,每亩收益为2.0万~3.0万元。采用大拱棚栽培的,每亩产量可达到3 500千克,每亩收益为1.5万元左右。

西北地区露地栽培的厚皮甜瓜于7~8月上市;吐鲁番盆地生产的哈密瓜特别早熟,6月即可上市;内蒙古的河套蜜瓜成熟也比较早,北京市场7月就有供应;甘肃的白兰瓜、玉金香、黄河蜜等在7~8月大量采收外运,8月是哈密瓜的收获盛期,由于它的耐储运性特强,尤其是伽师瓜等晚熟甜瓜品种,一般在室温下即能存放数月,它的上市供应期可以一直延续到春节。华北地区和长江中下游地区设施栽培的早熟厚皮甜瓜类型,个别瓜农采取特早熟栽培措施后,在3月下旬就可以开始少量上市,4月即可大量成熟。这批甜瓜商品的上市,为填补我国春末夏初期间鲜果短缺的淡季发挥了积极作用。海南、云南冬春茬与珠江三角洲地区的秋茬产品,可供应秋冬市场。特别在海南,经过瓜农的种植经验的丰富及技术的更新,从原来的每年2茬达到现在的每年4~5茬,极大地丰富了春节及3~5月的甜瓜市场。

6)我国甜瓜栽培区域划分 20世纪80年代,随着厚皮甜瓜设施栽培技术的推广,甜瓜的栽培区域发生了很大的变化。由于设施基本不受生态条件的限制,它的发展除了考虑生态条件外，更重要的是考虑市场的需求、经济效益的高低、生产技术条件的优劣等，东部沿海经济发达地区和大城市郊区，大力发展技术性强、投资大、效益高的设施栽培，从而打破了全露地栽培时期的纯生态分布格局，形成了甜瓜生态经济的分布新格局。根据目前各地甜瓜的实际发展情况，气候和生态特点，及甜瓜传统种植习惯的差异，我国甜瓜在栽培分布上可分为4个大区。

（1）西北干旱厚皮甜瓜区　该区包括新疆维吾尔自治区（简称新疆）、甘肃、内蒙古自治区（简称内蒙古）、青海、宁夏回族自治区（简称宁夏）等地，是我国传统的优质厚皮甜瓜露地栽培区，同时有少量日光温室与大棚种植。

该区的气候特点表现为典型的大陆性气候。甜瓜生长期内炎热、干旱、少雨，昼夜温差大，日照充足，空气和土壤湿度都较低，特别适合各类甜瓜的生长。在该产区有国内外闻名的甜瓜品种，如皇后、芙蓉、红心脆、西州蜜等；兰州黄河蜜、白兰瓜；宁夏、内蒙古的河套蜜瓜等。有许多独具特色的生产模式，如宁夏的压砂瓜栽培模式，新疆的瓜沟灌溉栽培模式，甘肃河西的旱塘栽培模式等。

（2）东北薄皮甜瓜区　该区包括东北三省（黑龙江、吉林、辽宁）及内蒙古东部地区，其中以黑龙江、吉林两省栽培面积较大，主要栽培薄皮甜瓜品种，如永甜、翠宝等，栽培方式为露地栽培及保护地栽培。该区的大部分地区处于季风区内，每年5~6月日照充足，降水量较少，温度较高，湿度较小，有利于甜瓜生长发育。7月以后进入雨季，对甜瓜果实成熟不利，故该区宜栽培早熟、较耐湿的薄皮甜瓜品种。

（3）中部甜瓜栽培区　包括华北平原地区的北京、天津、河北、河南、山西及山东、陕西等地区。该地区栽培的甜瓜种类及栽培模式较多，代表品种薄皮甜瓜有羊角蜜、博洋、星甜、珍甜、绿宝等，栽培模式有露地栽培及保护地栽培。厚皮甜瓜品种有众云、瑞红、西州蜜、玫瑰等。在近二十多年来，该区厚皮甜瓜栽培面积有较快的发展。厚皮甜瓜栽培多采用早熟品种，并采用保护设施栽培。

在该区中以河南、山东栽培甜瓜面积最大，根据国家西甜瓜产业技术体系郑州综合试验站2020年统计，河南省甜瓜播种面积6.51万公顷，总产量309.98万吨。河南省薄皮甜瓜栽培面积超过3.19万公顷，厚皮甜瓜栽培面积超过3.32万公顷，"兰考蜜瓜""八里营甜瓜"成为地理标志产品，产品叫响全国，极大地带动了周边县市的甜瓜生产，形成了许多著名的甜瓜品牌。

（4）南方潮湿薄皮甜瓜区　该区包括淮河、秦岭以南的各省区，包括海南、台湾等省区，是我国甜瓜的又一重要产区，安徽、浙江、海南、广西等地甜瓜栽培面积较大，广西、湖北、安徽等地有许多地方优良品种。

该区气候特点表现为：春季梅雨季节降水量大、日照短，空气湿度和土壤湿度大，夏季雨季在 6 月来临，夏秋之交有台风袭击，对甜瓜生长发育不利。为了克服湿度大和早春光照不足等不利自然条件，当地瓜农选用耐湿性好、抗病力强的甜瓜品种，采取高畦、深沟排水等技术，为甜瓜的正常生产创造条件。同时又建设大棚或连栋大棚进行避雨栽培。

该区近年来也引进和栽培新疆的哈密瓜和其他厚皮甜瓜品种，生产规模逐年扩大，并创造出了适合甜瓜生长的避雨大棚。特别是海南地区，充分利用当地的气候特点，合理安排甜瓜生产茬口，部分地区已经做到"四种四收"的种植模式，甜瓜已经成为海南热带高效农业的主要种类，为促进农民增收、改善农村经济做出了重要贡献。

2. 我国甜瓜生产发展对策

1）构建现代高效育种技术体系，加快甜瓜新品种创制　强化甜瓜种业基础性公益性研究。重点开展甜瓜种质资源搜集、保护、鉴定，育种材料的改良和创制；重点开展育种理论方法和技术、分子生物技术、品种检测技术、种子生产加工和检验技术等基础性、前沿性和应用技术性研究以及常规作物育种和无性繁殖材料选育等公益性研究。促进现代生物技术和常规技术有机结合，加强种质资源创新，改进育种方法，培育一批优质、多抗、抗逆、多类型、高商品性的甜瓜优良品种，建立具有我国自主知识产权的现代高效育种技术体系。

2）加强科技创新和基础设施建设，推动甜瓜产业内涵式增长　继续把提高甜瓜生产的商品率、生产率和品质作为栽培管理的重点。受自然资源条件的约束和生产成本不断上涨的压力，甜瓜生产应从以前依靠增加要素投入数量的外延式增长，逐步转变为依靠改进投入要素质量的内涵式增长。国家相关部门应尽快制定切实有效的投入措施，进一步加强甜瓜主产区的农业生产基础设施建设，加强简约化栽培技术集成创新及推广应用，提高甜瓜生产集约化与标准化程度，切实提高土壤肥力，改进生产工具和生产技术，通过精耕细作来提高甜瓜生产的经济效益，对农业资源进行有效配置，最终实现甜瓜产业的有效持续发展。另外，我国大部分瓜农主要依靠自己或参考其他瓜农生产，这在一定程度上制约了农业科技成果的转化应用，为此应搭建瓜农和农业技术研发者之间的交流平台，充分了解瓜农的实际技术需求；并提高现有基层农业技术推广人员的科技素质，使其能够主动切实解决瓜农在生产中遇到的各种技术问题；最后要进一步提高农民的科技素质，鼓励科学种瓜，提高经济效益。

3) 构建以非化学防治为主的病虫害综合防控体系，减少产业损失 调查明确我国甜瓜主要产区的常发性病虫害种类及其发生规律，研究建立适合各个主产区特点的高效、安全防控技术体系。监控黄瓜绿斑驳花叶病毒病、褪绿黄化病、叶枯病等重要病害的发生危害情况，研究明确病害发生规律与主要防控技术。建立种子健康生产技术规程，推行种子干热处理和消毒处理技术，推进生物防治等非化学防治技术在病虫害综合防控体系中的应用。

4) 发展新型流通业态，提高甜瓜流通效率 果蔬购销市场化以来，进入甜瓜流通领域的社会多元化主体大量增加，要建立和发展甜瓜产业的社会化服务体系，将甜瓜的产前、产中和产后有机结合起来，引导、鼓励和扶持甜瓜协会、合作社、企业或公司等产业一体化组织的发展；加强大中城市与优势产区产销对接与协作，推进"农超对接""农批对接"和订单生产，落实鲜活农产品运输"绿色通道"政策，降低生产资料和甜瓜产品的流通成本，建立稳定的产销关系，提高抵御风险的能力和市场竞争力。现阶段我国甜瓜物流技术整体水平不高，并且整体存在较大的季节性波动，因此要抓住国家大力搞好基础设施建设的机遇，尽快改善和提高甜瓜物流技术和设施设备，为提高甜瓜流通效率奠定技术基础。建议政府或行业主导建立甜瓜生产、流通和销售全流程的综合动态监测机制，以城乡重点集贸市场和初级批发市场的价格反馈为基础，以主要区域性批发市场的价格信息为核心，加强甜瓜供求形势和价格监测预警分析工作，为生产者、经营者提供可靠的公益性生产、市场权威信息指导。

5) 加强基础设施与服务体系建设，提高综合支撑能力 充分利用政府的资金和政策引导作用，鼓励有关企业、个人等社会资本投入，改善甜瓜生产的基础设施条件。重点支持甜瓜优势产区的集约化育苗设施建设、设施栽培基地建设、病虫害测报网络建设、市场信息网络建设等。政府或行业主导建立甜瓜生产、流通和销售要素的动态监测机制，为生产者、经营者提供可靠的公益性生产、市场权威信息指导。政府或行业主导建立和完善甜瓜产品安全生产技术保障体系，积极开展"无公害产品生产示范基地"创建活动。

6) 健全各项法律法规，引导产业健康发展 要进一步完善我国甜瓜市场质量监管制度，推进甜瓜检验监测体系建设，确保甜瓜安全生产。应尽早全面落实《国务院关于加快推进现代农作物种业发展的意见》(国发〔2011〕8号)文件，建立瓜果种业与生产的规范体系，保障可持续良性发展。在全国建立甜瓜品种标准种子库与核酸指纹库，启动甜瓜栽培品种的真实性分子检测与监管，规范种子公司的经营行为，以保障瓜农根本利益不受侵犯。

7）利用保险金融等政策手段充分调动瓜农生产积极性　甜瓜设施栽培不仅可以提高品质，减少病虫害，而且可以实现多季节供应，平稳产量，因此深受广大瓜农的欢迎，甜瓜设施栽培面积迅速扩大。但是设施栽培前期投入资金较大，融资难成为瓜农面临的一大难题，因此各级政府和金融机构要积极探索瓜农融资的新渠道，了解资金需求情况，尤其重点考虑种瓜大户和专业合作社，设立信贷绿色通道、采取简化手续、提高授信额度等有效措施，重点对甜瓜种植进行全方位的资金支持。另外甜瓜生产具有较强的季节性，面临的自然风险和市场风险较大，应努力推行甜瓜政策性农业保险，降低瓜农的生产销售风险，调动其种瓜积极性。

（三）我国甜瓜生产存在的问题及优势区

1. 我国甜瓜生产存在的问题

1）发展观念的转变问题　市场经济时期，农民生产讲效益，市场需求讲质量。增加生产效益和提高商品质量，已成为种植业结构调整中发展农业的中心内容。甜瓜产业的发展应以提高瓜农收入、提高商品瓜质量以及合理调整生产布局、充分发挥区域比较优势为突破口。

甜瓜生产布局的合理调整与不同栽培方式的适当搭配问题。20世纪80年代以前，各地的甜瓜生产均为露地栽培，属较低水平上的生态型模式。20世纪80年代以后，东部地区设施甜瓜栽培技术的推广，改变了我国传统的甜瓜生产格局。20世纪90年代后期，我国的农业结构开始进行较大的调整，甜瓜作物在调整中也出现了一些新问题，如有些地方出现盲目扩大种植面积。此外，在甜瓜发展中有重设施栽培轻露地栽培、重厚皮甜瓜轻薄皮甜瓜，以及设施栽培中重大棚轻小棚等倾向。从总的现代化生产发展模式来看，我国的甜瓜生产既要学习美国的生态型现代化生产模式，重点推进各个适宜地区的露地栽培方式，也应参照日本的集约型现代化生产模式，因时因地适当发展一些不同的设施栽培方式。哈密瓜在国内外市场上占有明显优势，新疆的生态条件又十分优越，因此随着经济的发展、交通运输条件的改进以及储藏保鲜技术的提高，新疆哈密瓜的露地栽培应大力发展，以充分发挥其区域比较优势。甘肃、宁夏、内蒙古等地的厚皮甜瓜的露地栽培和小拱棚栽培面积，应按照稳中有升的原则逐步发展。东部地区的厚皮甜瓜设施栽培面积目前已接近饱和，因此不宜盲目发展，但在品种和栽培方式上可以适当调整，光皮早熟型厚皮甜瓜的小拱棚栽培方式的比例应该增加，日光温室和大棚栽培厚皮甜瓜高档品种的种植面积应该逐步扩大。有条件的地区可以仿照日本，少量发展一些现代化温室，进行高档网纹甜瓜生产。海南南部、珠江三角洲地区以及大城市郊区、经济发达地区，可以适当发展一些精品甜瓜温室有机生态型无土栽培生产，以满足市场发展的特殊需要。

2) 甜瓜品种的改良问题　当前甜瓜生产上的品种，存在有多、杂、乱的现象，真正名副其实的外观美、含糖高、口感好、品质优、抗性强的品种不多，品种花色也不丰富，模仿同类的品种比较盛行，而独创性的特色品种很少，同时也缺乏适于不同地区不同栽培方式的专用品种、抗病品种等。随着市场对甜瓜商品质量要求的不断提高，我国的甜瓜商品供求正向优质化、多样化、专用化、抗病性强等的方向逐步发展，因此各科研育种单位应大力加强选育适应各种需要的新品种。

3) 栽培技术的改进问题　第一，生产过程中没有实现栽培技术的规范化、模式化、标准化，因此生产出来商品瓜的大小、成熟度、品质不一，从而无法适应市场需要商品标准化的要求。这种不规范的商品瓜，缺乏市场竞争力，经济效益差。第二，栽培技术未能实现科学化。未实行测土施肥，病虫害防治未能根据科学预测预报，进行综合防治和科学用药，浇水大多沿用比较落后的沟灌、畦灌方式，而很少采用国外已经广泛采用的滴灌方式，存在盲目乱用激素的问题。第三，在栽培技术上，瓜农习惯于追求单纯的增产增收途径，而忽视对商品瓜质量的提高。如各地提倡推广的密植、一株多果、多次采收等技术措施，都对商品瓜质量有一定的影响，常导致果实发育不充分、大小不一、商品率低。第四，随着经济的发展，农村劳动力大量往城市转移，农业上用的劳动力逐渐减少，这个问题在大城市郊区和经济发达地区尤为突出，从而长期采用的传统的劳动密集型精耕细作栽培方式，已不适应发展需要，因此要加速研究、推广科学的省力栽培技术，以达到既可节约大量劳动力，又能确保优质高效的目的。第五，为了适应人们日益增长的食品保健意识，应切实加强研究推广甜瓜的无公害栽培技术。主要在病虫害防治上，尽量减少对化学农药的依赖，应积极提倡各种非化学防治措施，如农业方法、综合防治、生物防治，推广嫁接技术和抗病品种等。

4）甜瓜生产的产业化发展问题　近年来，随着市场经济的发展，甜瓜的产销结合有所改善，甜瓜的产业化发展开始起步，而产业化必须实行规模化生产，才能做到产销的紧密结合，各地瓜区在实践探索中找出了几种产销有效结合的经济实体形式。第一种形式是把瓜农组织起来以乡、村为单位成立甜瓜协会或甜瓜生产销售联合体，实行统一产销；第二种形式是由专业大户承包，少则百余亩，多则几百亩，实行个体规模产销；第三种形式是由经济实力强、经营理念先进的"公司＋农户"，实行订单式农业的产销联合体。以上三种形式，只要运用得好都可取得好的效果，各地可以结合实际情况探索试行。

5）土地资源的约束更加明显　随着工业化和城镇化进程的加快，人增地减的矛盾将更加突出。在耕地资源约束趋紧的情况下，甜瓜种植与粮食作物、棉油糖作物、其他园艺作物之间，争地的矛盾将长期存在。在城乡居民对农产品多样性需求日趋增大的背景下，单靠扩大种植面积增产将难以为继。

6）灾害性天气对产业的影响更加明显　随着全球气候变暖，我国极端天气事件发生的概率增加，对甜瓜生产造成的影响明显。冬春季持续低温阴雨寡照和夏季高温多雨天气，推迟了甜瓜的上市时间，对甜瓜稳定生产和提高价格构成极大威胁。

7）病虫害扩大发生给产业造成较大危害　因细菌性果斑病导致的嫁接苗受损以及果实后期危害比较严重，加上瓜农随意用药导致害虫抗药性及生态污染等问题比较突出；黄瓜绿斑驳花叶病毒在部分省区有扩大发生趋势，黄化类病毒在部分产区已成为头等病害。

8）产业比较效益下降趋势更加突出　近年来，受石油、煤炭、天然气等原材料涨价的影响，化肥、农药、农膜等农业生产资料价格呈上涨态势。加之农业劳动力就业机会增多，农业人工费用不断增加，推动了农业生产成本逐年提高。从未来趋势看，农资价格上行压力加大、生产用工成本上升，甜瓜生产正进入一个高成本时代。

9）农业劳动力结构变化更加紧迫　在工业化和城镇化快速发展的背景下，农村青壮年劳动力大多外出务工，生产一线的瓜农趋于老龄化，生产技术水平仅凭多年生产经验积累，科技成果转化较慢，新技术新品种新设备不能快速应用到生产。甜瓜生产未发挥出应有的规模效应，导致劳动生产率不高，产业比较效益有下滑的趋势，特别是在经济发达的主产区存在瓜农转产，从业人员队伍不稳定的现象。

10）质量安全事件等外部因素冲击更加剧烈　我国甜瓜生产规模化程度不够，标准化管理水平不高，商品瓜的外观质量和内在质量与国际标准有一定差距。甜瓜标准体系虽然初步建立，但标准化生产推进力度不大，生产采标率低，农药、化肥等投入品使用不够科学。甜瓜生产中普遍存在施肥量大，氮肥施用过多，对磷肥、钾肥施用重视不足，连作障碍现象在一些地区较为严重，不利于产业健康稳定发展。

11）采后技术与标准滞后，产业附加值不高　甜瓜采后处理与加工技术研究与应用滞后，产业链后端价值开发不足。加工、分级、包装、储藏、保鲜的规模和能力偏小，手段仍然落后，致使上市产品大多属于初级产品，产后附加值不高。采后缺乏科学处理技术标准，采收过程中机械损伤严重，导致储藏运输过程中腐烂率增加，高的可达25%以上。运输方式、包装和储藏保鲜技术落后，造成果实损失率较大，直接影响甜瓜上市的品质和价值。

12）组织化程度不高，产业化发展较慢　我国甜瓜种植以家庭生产为主，种植规模小，组织化和产业化程度不高，瓜农商品意识和市场营销能力较弱，主要是依靠运销专业户来地头收购。缺乏农民专业合作社和龙头企业带动，导致瓜农缺乏准确有效的信息来源，在安排生产时往往带有很大的盲目性，销售时又处于比较被动的地位，对自然风险和市场风险的抵御能力较弱。

2. 我国甜瓜生产优势区

1）黄淮海（春夏）甜瓜优势区　涉及黄河流域、海河流域和淮河流域，主要包括北京、天津和山东三省市的全部地区，河北及河南两省的大部分地区。该区域为传统的甜瓜产区；种植品种与栽培方式多样化；生产区域化趋势明显，产业化发展初具规模；距离大城市较近，交通便捷，适宜发展设施生产；提高标准化生产水平和组织化、专业化水平，提高农民种植比较效益。

2）华南（冬春）甜瓜优势区　包括广东、广西壮族自治区、海南、福建以及西南热区（云南西双版纳和四川攀枝花）。该区域热量与光照条件好，冬春季（11月至翌年3月）比较干旱，非常适宜甜瓜的生长；产业基础较好，反季节优势明显，销售市场广阔；未来生产以冬春甜瓜为主，主攻国内高档果品市场；优化品种结构，减少病虫害危害；进一步提高设施化水平，满足市场需求变化；提高产业化程度，打造地方品牌。

3）长江流域（夏季）甜瓜优势区　包括西藏、四川、云南、重庆、湖北、湖南、江西、安徽、江苏、贵州和上海等地。该区域设施栽培发展迅速，生产向区域化、规模化方向发展；经济基础较好，农民生产积极性较高；未来应延长反季节栽培、长季节栽培和异地种瓜等生产方式，延长甜瓜上市时间，实现周年供应；重点面向长江三角洲江沪浙市场，开发品种的多样性，满足多元化的需求；全面推进无公害标准化生产，提高产品品质。

4）西北（夏秋）甜瓜优势区　包括陕西、甘肃、青海、宁夏、新疆和内蒙古。西北压砂甜瓜种植有近百年的历史，目前已成为西北干旱地区带动农民致富、增收减灾的新兴绿色产业。该区域大部分地区干旱少雨，无霜期短，昼夜温差大，日照时数长，非常适宜瓜类作物生长；未来应改良更新中老砂地，减轻连作障碍，建设标准化砂田；加强基础设施建设，提高有效灌溉率和水资源利用率；提高技术水平，科学施肥，并进一步筛选培育适合在干旱带种植推广的优良品种；拓宽市场销售渠道，增强其市场占有率和竞争力。

5）东北（夏秋）甜瓜优势区　包括辽宁、吉林、黑龙江和内蒙古自治区呼伦贝尔市、兴安盟、通辽市、赤峰市和锡林郭勒盟。该区域甜瓜生产历史悠久，土质肥沃、有显著的温带大陆性季风气候特点，气候适宜、自然条件优越，是我国薄皮甜瓜中晚熟品种的最大商品生产区；生产基地规模大、品种资源丰富、商品瓜供应充分、消费市场旺盛，市场营销和合作组织比较发达，产业化优势明显。未来重点发展特色薄皮甜瓜等优质中晚熟品种，加快节水灌溉、抗寒栽培、病虫害综合防治，大力发展设施生产，延长产品货架期。适当增加生产面积，进一步提高甜瓜单产与质量，提高组织化程度，培育知名品牌。

二、甜瓜生长特点及对环境条件的要求

（一）甜瓜的生长特点

1. 甜瓜的生物学特性

1）根　甜瓜为直根系作物，根系由主根、各级侧根和根毛组成。90% 的根毛着生在侧根上，根毛是甜瓜吸收水分和养料的主要器官。甜瓜没有明显大的主根，而是多条主根构成一束，在主根上又产生无数侧根。但在水肥条件较差的情况下，甜瓜的根系分布既深又广。薄皮甜瓜主根入土可达 60 厘米左右，密集根群分布在耕作层 15 ~ 30 厘米。厚皮甜瓜的根系比薄皮甜瓜的根系更强壮，分布得更深更广，耐旱、耐贫瘠能力强，但薄皮甜瓜的根系较厚皮甜瓜的根系更耐湿和耐低温。厚皮甜瓜主根可入土 1.5 米，侧根横展半径可达 3.0 米，主要根群分布在 30 厘米的耕层内。甜瓜的茎蔓匍匐在地面上生长时，可产生不定根。不定根可以吸收水分和养料，并可固定枝蔓。甜瓜根系生长快，可不断分级，一般可分 3 ~ 4 级。至膨瓜期，根系生长到最大程度，单株根系总长度可超过 32 米，可分布到 3 ~ 5 米^3 的土壤中，因而甜瓜耐旱性强，同时也耐瘠薄。

甜瓜根系的生长发育受品种类型、土壤类型、土壤温度、土壤水肥条件、植株生长发育时期、整枝方式等影响。土壤水肥充足时，尤其是开花坐果期前水肥过于充足时，根系的分布范围相对较小，抗旱能力减弱；反之，土壤水肥条件较差时，根系的分布范围相对较大，抗旱能力增强。甜瓜根系好氧性强，与其他葫芦科作物相比，对氧气的需求量大，对土壤板结的适应性差，因此甜瓜要求土壤疏松，通气良好，土壤黏重和田间积水都将影响根系的生长。

甜瓜根系生长的适宜 pH 为 6.0 ~ 6.8，适应范围较宽，特别是对碱性环境的适应力强，在土壤总盐量 1.14% 以下，pH 8～9 的条件下仍能正常生长。甜瓜耐盐极限是土壤总盐量 1.52%，在葫芦科中，其耐盐性仅次于南瓜。

甜瓜根系生长的适宜温度为 22～30℃，40℃以上、14℃以下根毛停止生长，8℃以下根系会受寒害。薄皮甜瓜的根系较厚皮甜瓜的根系耐低温。

甜瓜根系木栓化程度高，再生能力弱，移栽或多或少会对植株生长造成不利影响，影响程度随苗龄增加而加重。苗龄越长，根系的木栓化程度越重，根系再生越难，移栽缓苗难度增加，因此甜瓜育苗一般采用护根育苗，一般一叶一心至三叶一心时定植，只要水分充足，很容易缓苗成活。甜瓜根系具有以下特点。

（1）好氧性 甜瓜根系的生长发育等活动离不开氧气，甜瓜根系生长对土壤的含氧量要求较高，只有根系周围空气含氧量在 10% 以上，根系才能维持正常生长，含氧量越高根系生长越旺盛。氧的充足与否对甜瓜根系生长影响十分显著。因此，良好的土壤通气性是确保甜瓜生长发育的必要条件。

（2）再生能力差 甜瓜根系具有发育早的特点，当甜瓜子叶平展时，甜瓜的主根就可以达到 15 厘米以上，当具有 4 片真叶时，主根、侧根伸展幅度可超过 25 厘米，因此甜瓜如采用育苗移栽的方法进行时，应采用护根育苗，尽量保证根系完整不受损。

（3）根系易木栓化 在葫芦科作物中，甜瓜根系的木栓化程度较高，属于高木栓化的作物，幼苗第一片真叶平展时，主根基部就开始木栓化。木栓化的根再生侧根的能力显著下降，造成侧根少，植株易生长不良。苗期土壤如果过于干旱或积水严重，通气性差，根系木栓化就早，会形成弱苗、小苗甚至僵化苗。

2）蔓 甜瓜是一年生蔓性草本植物，茎中空，茎表有条纹或棱角，茎蔓表面有短刚毛，节间有卷须，能攀缘生长，因此甜瓜可进行爬地栽培或吊蔓栽培。在茎蔓上着生叶片的地方叫节，两片叶间的茎叫节间。甜瓜子叶以下部分称为下胚轴。甜瓜茎直径在 0.4～1.5 厘米，大多数在 1.0 厘米左右；节间长在 5～13 厘米。一般厚皮甜瓜茎蔓较薄皮甜瓜茎蔓粗壮，节间长度也比薄皮甜瓜长。

甜瓜茎的分枝性强，从主蔓到子蔓和孙蔓，每个叶腋都可以发生新枝，主蔓上着生子蔓，子蔓上着生孙蔓，条件适宜时可以无限生长。根据甜瓜茎蔓分枝的多少、长短等特征，甜瓜的株型可分为丛生、短蔓、分枝、无权等类型。栽培中需要根据品种特性、栽培方式等进行合理整枝，结果前期一般需限制茎蔓的营养生长，防止出现落花、落蕾，甚至化瓜的现象。多蔓整枝时，通常选留 3～6 节的侧蔓，并在侧蔓中部节位留瓜。

3）叶　甜瓜的子叶椭圆形，根据品种不同，叶的颜色、大小略有差异。真叶着生在茎蔓的节上，每节1叶，互生、无托叶。叶大多为近圆形或肾形，少数为心脏形、三角形或掌形。甜瓜叶的正面和背面均长有茸毛，叶缘呈锯齿状、波纹状或全缘状。叶片的大小、缺刻、叶柄长短、颜色因品种而异，通常叶片厚度为0.4~0.5毫米，横径为8~15厘米，一般情况下，甜瓜叶横径大于纵径。多数厚皮甜瓜叶大、叶柄长、缺刻明显、叶面平，刺毛密而硬，有些厚皮甜瓜品种的叶片横径可达30厘米以上。叶柄夹角、叶片大小及姿态都是甜瓜重要的株型特征。紧凑型植株适于设施内密植，对土地和光照等条件的利用率较高。

根据叶片生长情况可判断植株营养状况：水肥充足时，叶片生长旺盛，叶片的缺刻较浅；水分过多时，叶片下垂，叶形变长，叶柄开张度增加；水肥过量、光照不足时，叶片大而薄，叶片下垂更明显，叶色发黄；高温干燥、光照充足时，叶片较小，缺刻加深，叶片增厚，刺毛多且硬，叶片颜色也较深。

同一品种不同节位叶片的形状也有差异：低节位的叶片缺刻较浅甚至无缺刻，高节位的叶片缺刻深。不同生态条件下的叶片也有差异：水肥充足，叶片缺刻较浅；缺水干旱时叶片变小，缺刻加深，叶色变绿；水分过多，叶片变薄，叶色变浅，叶形变长；光照差时，叶片变大，叶色变浅，叶片直立。

甜瓜叶片是光合作用的主要器官，叶片的生长和光合作用有以下特点：5~7天的幼叶，其光合作用的产物主要供给自身消耗；随着叶片的生长，8~30天的叶片光合作用速率增强，光合作用的产物除供给自身需要还输出，这种叶片称为功能叶片。当叶片停止扩大、叶片面积不再增加时光合作用最旺盛，此后开始逐渐下降。因此，在甜瓜生长过程中，必须保持植株有足够的功能叶，才能保障较高的光合作用效率。甜瓜叶片寿命受温、光、肥等因素影响，温度适宜，光照充足，水肥合理，叶片寿命就长，反之易早衰。单株叶片少、叶面积小，整枝过重，坐果过多，光照差，易造成植株早衰。

土壤矿物质营养的含量高低也会影响叶片的功能和寿命，如土壤缺磷或果实膨大期缺磷，会加速叶片老化。

4）花　甜瓜花分为以下类型：两性花、雄花、雌花，个别品种会出现中性花。甜瓜植株因花的着生类型不同而表现出丰富性型，是葫芦科比较复杂的一种。雄花全是单花，花丝较短，花药在雄蕊外侧折叠；结实花大多为两性花，雌蕊3~4枚，花柱很短，柱头肥厚，子房下位。根据花的性型，可将甜瓜植株分为雌雄异花同株，雌花两性花同株，全雌花、全雄花两性花同株，雌花雄花两性花同株等类型。多数品种属雄花两性花同株类型。花从主蔓第一节即开始发生，以后每节都可发生，一个叶腋通常分化花原基 3~4 个。雄花簇生，出现节位早。雌花常单生，出现节位比较晚，偶有双生或三生。

甜瓜花为半日花，发育充分的花早晨开放，开放时间取决于温度，在早晨气温达到 20℃ 左右时，花即开放，花药开裂、散粉，中午花冠开始褪色，傍晚闭合。气温适宜时一般在 10 时前开花，如气温偏低则开花时间延迟。据实验观察，授粉 1.5 小时后，花粉管生长到子房上部，24 小时后大部分胚囊完成受精。甜瓜花粉活力除存在自身遗传差别外，还受温度、光照等多种因素的影响，18~30℃ 花粉萌发率均较高，25~30℃ 为适宜萌发温度。12℃ 时厚皮甜瓜花粉萌发率存在极显著差异。甜瓜花粉寿命较短，自然条件下，开花后 12 小时已有部分花粉丧失活力，开花后 38 小时后完全丧失活力。在雄花两性花同株的植上，大多数品种完全花的花粉与雄花花粉的授粉功能无明显差异。结实花开花前 2 天，雌蕊柱头已具有授粉受精条件，而雄花开花前 12 小时，花粉仅 35% 能萌发并完成授粉受精。因此，结实花为两性花的母本在杂交制种过程中，为防止自交，在结实花开放前一天去雄进行蕾期授粉或隔离后第二天授粉，雄花应取当日开放花朵。授粉宜在上午进行，在开花后 2 小时内完成效果最好。

甜瓜花芽分化较早，当子叶平展时花芽分化已经开始；当第二片真叶长 2 厘米时，花芽分化已达到 6~8 个；第三片真叶长 2 厘米之后，分化速度加快，花芽大量分化，因此甜瓜幼苗期是确定甜瓜花芽分化关键时期。

甜瓜花芽分化的速度、节位，雌雄花的比例、数量及花芽的质量受环境条件影响很大。

温度是影响花芽分化数量和结实花着生节位的主要因素。低夜温可以使花芽数量增加，且可以培育壮苗，花蕾大且壮，子房发育好，坐果率高。

光照强度及光照长短也是影响花芽分化的因素之一。适当的短日照可以提早花芽分化，提早开花结果。甜瓜是强光照作物，弱光下生长不良，因此光照弱，同化作用降低，导致花芽分化差，厚皮甜瓜耐弱光能力较薄皮甜瓜差，栽培中更应保证充足的光照。

激素对花芽分化的数量与质量都有重要影响。乙烯利、萘乙酸、吲哚乙酸等生长激素均可促进结实花形成。

甜瓜一般以子蔓或孙蔓结果为主，孙蔓及上部子蔓第一节着生结实花。

5）果实　甜瓜的果实为瓠果，侧膜胎座，由受精后的子房和花托共同发育而成。果实可分为果皮和种腔两部分：果皮是由外果皮、中果皮和内果皮构成，外果皮由花托发育而成，中果皮、内果皮是甜瓜的主要可食部分；种腔的横剖形状有圆形、三角形、星形等。果实的大小、形状、质地、果皮、果肉颜色差异很大，是鉴定品种特征的主要依据。薄皮甜瓜一般个小，单瓜重在 1 千克以下；厚皮甜瓜较大，一般重 2~3 千克，最大的可达 15 千克，如新疆的哈密瓜。甜瓜果实的形状呈扁圆形、圆形、卵形、纺锤形、椭圆形、梨形等。果皮颜色有绿色、白色、黄绿色、黄色、橙色等。不同品种在果脐大小、果面特征（网纹、棱沟、斑块等）方面也有差异。果肉大致分为白色、绿色、橙色 3 种颜色，依品种不同，颜色深浅不同，也有一些果肉颜色为嵌合色。甜瓜果实成熟后常挥发出香气，香气源于某些挥发性物质，包括酯类、醇类、醛类、酮类、烯类等，其中，乙酸乙酯等酯类物质含量是评价甜瓜香气质量的重要指标。

甜瓜的甜味来源于所含糖分，成熟的甜瓜果实主要含有还原糖（葡萄糖、果糖）和非还原糖（蔗糖），其中蔗糖含量最多，占 50%~60%，甜味高的品种蔗糖含量高。含糖量的高低一般用可溶性固形物含量表示。一般薄皮甜瓜可溶性固形物含量为 8%~14%，高的可达 16%；厚皮甜瓜可溶性固形物含量为 14%~18%，高的可达到 22% 以上。在甜瓜品种中，葡萄糖、果糖含量相差不大，区别在于蔗糖含量不同。在味觉上，果糖最甜，蔗糖次之，葡萄糖最不甜。有时用折光仪测的数值一样，但口感甜味不一样，正是因为这三种糖的比例不同所致。

甜瓜品种还有酸味和苦味，酸味主要是柠檬酸、苹果酸所致，多存在于野生品种中，在遗传种中，酸味为显性数量性状，有酸味与无酸味杂交，杂交一代（F_1）有酸味，杂交二代（F_2）酸味强度分离。苦味存在于野生甜瓜和多数薄皮甜瓜幼果中，可谓成分为苦味素，苦味性状为显性数量性状。

甜瓜的果柄脱落难易程度是由品种特性决定的，与栽培环境关系不大。

甜瓜果实的发育呈快—慢—快的"S"形曲线。坐果中期即膨瓜期发育最快。果型指数随果实增大逐渐减小。

6）种子　甜瓜种子形态、大小是葫芦科作物中变异类型最多的作物种类之一。一般呈扁平状，卵圆形，由种皮和胚组成。种皮多呈黄白色，也有部分品种种子呈白色、黄色、黄褐色等。种皮表面光滑或稍有波纹状曲折。甜瓜单瓜有种子200～500粒。厚皮甜瓜种子大,千粒重30～60克。在干燥低温密闭条件下,甜瓜种子寿命能保持15年以上,一般情况下寿命为5～6年。

甜瓜种子在膨瓜结束后即具有发芽能力,种子充分成熟和后熟有助于提高发芽率、发芽势及种子寿命。个别品种种子在果实过熟时在种腔里即发芽。

甜瓜种子休眠期不明显,大多数品种刚采收的种子只要去掉种皮表面的黏液,放在湿润条件下就可以发芽。个别品种在果实内就可以发芽。种子的发芽率和发芽势均随果实后熟时间的延长而提高。但若想获得活力旺盛、寿命长的种子,必须在植株上自然成熟。

2. 甜瓜生长发育周期 甜瓜植株从种子播种到果实收获的全部生长发育过程为70～150天。厚皮甜瓜生长发育期较长,一般为90～150天。同一品种在不同地区、不同季节、不同栽培方式下生长发育期相差较大:一般秋季栽培生长发育期比春季栽培生长发育期缩短1个月以上,设施栽培比露地栽培生长发育期短。不同整枝留瓜方式、肥水管理等因素也会对生长发育期造成较大差异。不同品种从播种到开花坐果之间经历的时间长短差异不大。甜瓜的生长发育周期可分为发芽期、幼苗期、伸蔓期和结果期,各个阶段的生长发育特点和水肥需求规律不同。

1)发芽期 从种子萌动到子叶展开为发芽期。发芽期的长短与温度有关:厚皮甜瓜发芽适宜温度为25～35℃。甜瓜发芽的最高温度为42℃,42℃以上的温度,2天后种子死亡。甜瓜种子发芽需要吸收种子干重45%的水分,种子吸水后体积增大,种皮破裂,代谢加快。若供水不足,特别是种子露白时供水不足,则易产生芽干现象。水分过多氧气不足时,种子难以萌发或出现烂种现象。甜瓜种子发芽时对光的反应属于嫌光性,在黑暗的条件下发芽良好,而在有光的条件下发芽不良。正常情况下发芽期为4～7天。这一时期幼苗生长量较小,主要靠种子自身储藏的养分生长,苗床要保持适宜的温度和较低的湿度,防止幼苗徒长。第一真叶出现时苗端即开始花芽分化。最初的花原基具两性,当花原基长0.6～0.7毫米才有雄性、雌性或两性花的分化。

2)幼苗期 从子叶展开后第一片真叶露心到第五片真叶出现为幼苗期,需20～25天,这一时期甜瓜幼苗茎短缩、直立、生长缓慢。幼苗期结束时,茎端约分化20节,2～4片真叶时是分化的旺盛期。在白天30℃、夜间18～20℃、8～10小时日照的条件下花芽分化早,结实花节位较低。在温度高,长日照条件下,结实花节位较高，花的质量差。这一时期幼苗的生长量依然较小，对水肥需求量较少，要注意疏松土壤，使幼苗健壮生长，同时要注意防治猝倒病、立枯病和根腐病等病害。

3）伸蔓期　从第五片真叶出现到第一结实花开放为伸蔓期，需 25～30 天。此期植株根、茎、叶迅速生长，花芽进一步分化发育。植株由直立生长变为匍匐生长，主蔓上各节营养器官和生殖器官继续分化，植株进入旺盛营养生长阶段。伸蔓期是植株调整的重要时期，管理上注意小水、小肥，做到促、控结合，既要保证茎叶的迅速生长，又要防止茎叶生长过旺，为营养生长向生殖生长的转换打下良好的基础。这一时期植株生长健壮，病害发生不普遍，但设施栽培中棚室内空气湿度过大时容易发生蔓枯病、叶斑病、根腐病、疫病等病害。

4）结果期　从结实花开放到果实成熟为结果期。厚皮甜瓜结果期较长：早熟品种为 30～35 天，中熟品种为 35～45 天，晚熟品种为 45～55 天。该期又可细分为结果前期、结果中期和结果后期。

（1）结果前期　从结实花开放至幼果开始迅速膨大为结果前期。开花后 5～7 天属结果前期。此期植株由茎叶生长为主开始逐步转为以果实生长为主，但果实生长缓慢，生长量小，侧蔓发生旺盛。管理的重点是及时整枝、摘心，促进植株坐果，保证果实生长，防止落花、落果，因此这一时期要控制水肥，降低夜温。

（2）结果中期　果实迅速膨大到停止膨大，一般需要 15～30 天。这时植株总生长量达到最大值，日增长量达到最高，以果实生长为主，营养生长减缓。此期是果实产量形成的关键时期，管理重点是加强肥水管理，保证有充足的水分和养分供给果实，同时注意防治白粉病、霜霉病、角斑病等病害。

（3）结果后期　果实停止膨大至成熟，一般需要 10～20 天。此期植株的根、茎、叶生长逐渐停滞，果实基本定形。这一时期除果实继续积累营养物质外，主要特征是：果实叶绿素逐渐消失，果实呈现出品种特有的色泽、网纹、香气、风味等，硬度开始下降，有些品种果蒂处产生离层，瓜前叶逐渐变黄，可溶性固形物含量不断增加。结果后期应控制浇水，不浇或少浇，以提高果实的风味和品质。管理上要保叶促根，防治茎叶早衰或感病。

早春栽培时，结果期温度升高，植株养分消耗大，抵抗力下降，是病虫害易发时期，容易发生的病虫害主要有白粉病、蔓枯病、霜霉病、疫病、枯萎病、蚜虫、粉虱、蓟马等，要及时采取整枝打杈、通风排湿、膜下滴灌等栽培管理措施，结合物理、化学方法进行综合防治。

（二）甜瓜对环境条件的要求

1. 温度　甜瓜起源于热带地区，是喜温耐热的作物之一，全生育期要求温暖的环境，整个生长期要求有较高的积温，且甜瓜极不耐寒，遇霜即死。各生育期对温度要求不同：种子发芽适宜温度为 28~33℃，最低温度为 15℃；根系生长适宜温度为 22~30℃；茎叶生长适宜温度为 25~30℃；开花最低温度为 18℃，适宜温度为 20~25℃；果实发育期适宜温度为 30~33℃。结果期对温度要求严格，必须安排在适宜的季节或环境里，幼苗期较耐低温，因此早春保护地栽培前期温度较低，但不影响后期的开花结果。甜瓜对高温的适应性非常强，30~40℃仍能正常生长结果。各个生长时期对温度的需求略有差异，开花坐果期最适宜温度为 25℃，果实成熟适宜温为 30℃。果实成熟期的昼夜温差对甜瓜的品质影响很大，在一定范围内，昼夜温差越大，植株干物质积累越多，果实可溶性固形物含量越高；反之则干物质积累少，果实可溶性固形物含量低。一般认为，开花结果期较适宜的昼夜温差为 10~13℃，有利于坐果及果实膨大。昼夜温差能保持在 13℃以上时，更有利于糖分的积累和果实品质的提高。

2. 光照　甜瓜是喜强光照的作物，生育期内只有在强光条件下才能生育良好。光照不足，植株生长发育受到抑制，产量低，品质低劣。甜瓜的光饱和点为 5.5万~6.0万勒克斯，光补偿点一般在 4 000 勒克斯。正常生长期间要求每天有 12 小时以上的光照，光照不足时，植株易徒长，叶色发黄，花小，子房小，易落花落果。坐果期光照不足，不利于果实膨大，且会导致果实着色不良，香气不足，可溶性固形物含量不高，产量和品质下降等。设施栽培中，光照不足是经常遇到的问题，应注意增加光照。在设施早春育苗期间，苗床要注意补光，可以在苗床、棚室内后面挂反光幕；在苗床内温度与棚室内温度一样时，应尽早把苗床塑料薄膜揭开；连续阴天可用补光灯补光，但补光灯与甜瓜苗要保持一定间距，以防烤苗。

3. 湿度　甜瓜生长发育适宜的空气相对湿度为 50%~60%。在空气干燥地区栽培的甜瓜甜度高，香味浓；在空气潮湿的地区栽培的甜瓜，水分多，味淡、品质差。空气湿度过高时不仅对甜瓜的生长发育有不良影响，更易诱发各种病害，如蔓枯病、炭疽病、霜霉病等。甜瓜在不同生育期对土壤水分的要求不同：幼苗期应维持土壤最大持水量的 65%，伸蔓期应维持土壤最大持水量的 70%，果实膨大期应维持土壤最大持水量的80%，结果后期应维持土壤最大持水量的55%～60%。果实膨大期是甜瓜对水分需求的敏感期，果实膨大前期水分不足，会影响果实膨大，导致产量降低，且易出现畸形瓜、裂果等现象。

4. 土壤 甜瓜根系属于直根系植物，根系发达，入土深广，吸收力强，对土壤条件的要求不高，在沙土、壤土、黏土上均可种植，但以疏松、土层深厚、土质肥沃、通气良好、不易积水的砂壤土为最好。甜瓜对土壤酸碱度的要求不甚严格，适宜土壤 pH 5.5～8.0，在 pH 6～6.8 条件下生长最好。甜瓜的耐盐能力也较强，土壤中的总盐量超过1.14%时能正常生长，适度含盐量可促进甜瓜植株生长发育，并提高品质，但盐碱过量会对产量和品质造成不良影响。

三、甜瓜品种类型及优良品种

（一）甜瓜栽培品种选择的原则

甜瓜种质资源比较丰富，中国国家种质资源库保存的甜瓜种质资源就有3 500份，在这些种质资源中，栽培品种占据主要地位。薄皮甜瓜和厚皮甜瓜是我国甜瓜的主要栽培类型，但二者品种生态型差异明显，不同品种种植的适宜区域不同，种植者一定要根据所在地的生态环境、栽培方式、栽培季节以及当地销售市场、消费习惯等因素来合理地选择适宜的甜瓜品种，并采用与品种相配套的栽培技术才能取得较好的生产效益。

随着人们生活水平的提高，人们对甜瓜的消费观念也发生了变化，对营养品质、外观品质及个性化的追求越来越普遍。因此，作为种植者一定要按照终端市场来选择种植的甜瓜品种。"三好"是选择甜瓜品种的三个原则。

1. 好吃 作为鲜食水果，好吃是第一位的。它是营养品质、口感品质的有机结合，是最终决定该甜瓜品种好坏的关键指标。

2. 好卖 种植户种植甜瓜最终目的是将其作为商品销售，因此，市场的认可度是确定该品种好坏的重要指标之一。

3. 好种 作为甜瓜生产者，抗病、高产是确定该品种受欢迎的指标之一。

（二）甜瓜品种类型

甜瓜是葫芦科甜瓜属，一年生蔓性草本植物，是世界上重要的水果之一。中国是甜瓜的重要起源地之一，生产历史悠久，早在3 000年前甜瓜种植就遍布全国各地。

中国是甜瓜次生起源中心，原产西北部的厚皮甜瓜和东部的薄皮甜瓜，分别为世界甜瓜分类中的两大亚种，是十分宝贵的甜瓜种质资源。直到今天，中国仍然是世界上甜瓜种质资源大国、生产大国和出口大国。甜瓜在中国的西北部有着悠久的种植历史和发展潜力，世界闻名的新疆哈密瓜就是其中一员。

按照植物学分类的方法，甜瓜可分为硬皮甜瓜、网纹甜瓜、观赏甜瓜、蛇形甜瓜、冬甜瓜、柠檬瓜、香瓜和越瓜8个变种。按照生态学特性，一般简单地把甜瓜分为薄皮甜瓜和厚皮甜瓜2类。近年来市场上出现了很多薄厚皮杂交的中间型甜瓜新品种，这是对甜瓜栽培种的有益补充。

厚皮甜瓜表现为果型较大，一般单瓜重1.5～3.5千克，中心可溶性固形物含量为15%～20%；果皮较厚，生长势较强；是适宜在大陆性气候下栽培的一类甜瓜品种。厚皮甜瓜生长发育要求温暖、干燥、昼夜温差大、日照充足等条件，以前只在我国西北地区的新疆、甘肃等地栽培，形成了当地著名的生产基地，如新疆的哈密瓜、甘肃的白兰瓜等。20世纪80年代，厚皮甜瓜东移栽培获得成功，栽培面积迅速扩大。根据甜瓜果皮有无网纹可分为网纹甜瓜和光皮甜瓜。

近年来，为了改善厚皮甜瓜的适应性和薄皮甜瓜的耐储性及品质，全国各地开展了薄厚皮甜瓜杂交育种，先后出现了一大批中间类型的甜瓜品种，这些品种集合了厚皮甜瓜果肉厚、耐储运、高品质和薄皮甜瓜的早熟、耐湿等优点，对甜瓜生产起到了很大的促进作用。

（三）甜瓜新优品种简介

1. 众云18 河南省农业科学院园艺研究所育成，中熟网纹甜瓜新品种。全生育期110天左右。果实椭圆形，果皮浅绿，均匀密布麻纹，果肉橘红色，肉质细脆爽口，口感好，单瓜重1 200克，中心可溶性固形物含量为18%左右（图3-1）。植株生长紧凑，抗病性好，耐储运。

图3-1 众云18

2. 众云 20　河南省农业科学院园艺研究所育成，中熟网纹甜瓜杂交新品种。全生育期约 115 天。果实椭圆形，果皮浅绿，均匀密布麻纹，果肉橘红色，肉质细脆爽口，口感好，单瓜重 2 000 克，中心可溶性固形物含量 18% 左右（图 3-2）。植株生长紧凑，抗病性好，耐储运。

图 3-2　众云 20

3. 众云 22　河南省农业科学院园艺研究所育成，中熟网纹甜瓜杂交新品种。全生育期约 112 天。果实圆形，果皮灰绿，均匀布密麻纹，果肉橙红色，肉质脆甜，口感好，单瓜重 1 200 克左右，中心可溶性固形物含量为 17% 左右（图 3-3）。果实成熟后不落蒂，不变色，商品性好，耐储运。

4. 玉兰香　口感脆爽的厚皮甜瓜，植株生长势强，坐瓜性好，坐果至成熟约 48 天，椭圆形，瓜形端正，浅麻绿，具细密网纹，外观美丽（图 3-4）。果肉橘红色，细脆酥爽，香味浓郁，风味佳，中心可溶性固形物含量为 17%～18%，品质稳定，单瓜重 2.5 千克左右，综合抗性特强，丰产性极强，该品种储存一定时间后果皮易出现发黄现象。

图 3-3　众云 22

图 3-4 玉兰香

5. 兰蜜 28 中晚熟品种，植株生长势强，坐瓜性好，坐果至成熟约 46 天，椭圆形，瓜形端正，浅麻绿，具细密网纹，外观美丽（图 3-5）。果肉橘红色，细脆酥爽，香味浓郁，风味佳，中心可溶性固形物含量为 17% 左右，高抗白粉病，不易裂瓜。耐储运，货架期长。

图 3-5 兰蜜 28

6. 巴威 19　河南省鼎优农业科技有限公司育成。中熟，浅麻绿皮色，商品率高（图3-6）。单瓜重3 000克左右，果肉橘红色，肉质细腻，风味好，中心可溶性固形物含量为18%~19%，糖分梯度小，耐储运，货架期长。适合保护地栽培及露地栽培。

图3-6　巴威19

7. 巴威 35　河南省鼎优农业科技有限公司育成。中熟，果实椭圆形，浅麻墨绿皮色，网纹细密，瓤红肉脆，单瓜重3 000~3 500克，心腔小，口感细腻，中心可溶性固形物含量为17%~18%，糖分梯度小，抗病强，产量高（图3-7）。适合露地栽培及保护地栽培。

图3-7　巴威35

8. 班得瑞 河南鼎优农业科技有限公司育成。植株生长势强，果实椭圆形，黄绿底色覆有墨绿斑，表面稀疏线状网纹，外观独特（图3-8）。合理密植条件下，单瓜重3 000~4 000克，果肉白色，香软多汁，含糖量高，甜而不腻，入口丝滑，清香怡人，口感独特，整齐性好，坐果性好，综合抗性好。

9. 甜甜圈 河南鼎优农业科技有限公司育成。中熟（图3-9）。适宜的气候及管理条件下，果实椭圆形，皮白，肉橘红色，有晕圈，果腔小，糖分梯度小，口感香甜，单瓜重800~1 200克，膨瓜速度较快，肉厚皮韧，货架期长，建议春秋大棚吊蔓双留果。

图3-8　班得瑞

图3-9　甜甜圈

10. 西州蜜25 新疆哈密瓜研究中心育成，中晚熟网纹甜瓜杂交新品种。果实发育期约48天。果实椭圆形，浅麻绿色，网纹细密，单瓜重1 500克左右，果肉橘红色，肉质细、松、脆，中心可溶性固形物含量为17%左右，耐储运（图3-10）。

图3-10 西州蜜25

11. 西州蜜17 新疆哈密瓜研究中心育成，中晚熟网纹甜瓜杂交新品种。果实发育期约50天。果实椭圆形，黑麻绿色，网纹细密，单瓜重2 500克左右，果肉橘红色，肉质细、松、脆，中心可溶性固形物含量为16%左右，耐储运（图3-11）。

图3-11 西州蜜17

12. 鲁厚甜1号 山东省农业科学院蔬菜研究所育成的网纹厚皮甜瓜杂交种。果实发育期约50天。果实高球形，单瓜重1 500克，果皮灰绿皮，网纹细密，黄绿肉，酥脆细腻，中心可溶性固形物含量为15%左右，果皮硬，耐储运（图3-12）。

图 3-12 鲁厚甜 1 号

13. 耀农 25 中晚熟网纹甜瓜杂交新品种。果实发育期约 50 天。果实椭圆形，浅麻绿色，网纹细密，单瓜重 3 000 克左右，果肉橘红色，肉质细、松、脆，风味好，中心可溶性固形物含量为 16% 左右，耐储运（图 3-13）。

图 3-13 耀农 25

14. 将军玉 河南省农业科学院园艺研究所育成，早熟杂交厚皮甜瓜。全生育期约 105 天，果实发育期 33 天。果实圆形，果皮白色，成熟后果皮不变色，果肉白色，肉质松软香甜可口，中心可溶性固形物含量为 18%，单瓜重 2 000 克左右，商品性好，耐储运（图 3-14）。

图 3-14 将军玉

15. 钱隆蜜 河南省农业科学院园艺研究所育成，厚皮甜瓜杂交种。果实发育期约 30 天。果实短椭圆形，果皮白色，单瓜重 1 300 克左右，果肉白色，肉质细脆，中心可溶性固形物含量为 17%，商品性好，耐储运（图 3-15）。

图 3-15 钱隆蜜

16. 玉锦脆 河南省农业科学院园艺研究所育成，厚皮甜瓜杂交种。全生育期 103 天，果实发育期 32 天。果实长椭圆形，果皮白色，成熟后果皮外面覆黄色果晕，果晕颜色随果实成熟度的增加而加重，单瓜重 1 300 克左右，果肉白色，肉质细脆，口感好，中心可溶性固形物含量为 17%，商品性好，耐储运（图 3-16）。

图 3-16　玉锦脆

17. 玉姑　台湾农友种子有限公司育成，早熟杂交厚皮甜瓜。全生育期 100 天，果实发育期 40 天。果实圆形或高圆形，果皮白色，表皮光滑或有稀疏网，果肉淡绿色，肉质柔软细腻，中心可溶性固形物含量为 17%，单瓜重 1 500 克左右，商品性好，耐储运（图 3-17）。

图 3-17　玉姑

18. 瑞红　河北省廊坊市科龙种子有限公司选育，中早熟杂交种。果实发育期40天。果实圆形，果皮橘红色，果皮光滑，肉白色，中心可溶性固形物含量为15%，口感甜脆，耐低温弱光，皮韧，耐储运（图3-18）。

图3-18　瑞红

19. 金香玉　台湾农友种子有限公司育成，早熟杂交厚皮甜瓜。全生育期90天，果实发育期40天。果实短椭圆形，果皮金黄色，果肉白色，肉质细脆，中心可溶性固形物含量为16%，单瓜重2 000克左右，商品性好，耐储运（图3-19）。

图3-19　金香玉

四、甜瓜栽培方式及茬口安排

（一）甜瓜的栽培方式

甜瓜在世界各地广泛种植，不同国家和地区由于不同的气候特点和地理环境，种植的甜瓜种类差异较大。中国地域辽阔，各地的土壤、气候等自然条件不同，且各地的消费习惯也不同，因此甜瓜栽培也有所不同。在我国传统甜瓜种植区，甜瓜露地栽培面积大，采用的种植模式为育苗移栽和直播两种方式。一般在当地终霜结束后进行种植，采用爬蔓种植，栽培管理较为粗放，收获期基本在夏秋季节，上市较为集中，市场行情波动较大，亩效益差异也较大。

近年来，随着设施栽培的发展，甜瓜新品种、新技术的创新，甜瓜的种植方式也越来越多样化，在不同的气候特点下，形成了很多不同的种植模式。在我国的北方地区，从1月下旬起，天气明显变化，晴朗天气明显增多，光照强度明显增强，特别是进入4月以后，整个北方光照条件较好，光照时间变长，温度明显升高，通过设施调控可以在日光温室及大棚多层覆盖创造出适合甜瓜生长的环境，并且可人为地调节昼夜温度，调节甜瓜生长所需要的温差。因此，在我国的北方地区，春季是利用设施生产甜瓜的最好时间段，此期生产的甜瓜具有易管理、产量高、品种优、价格好、效益高等特点。因此，在我国的北方地区，利用设施生产甜瓜应该把结果期安排在4~5月。从近几年的甜瓜市场行情来看，在这段时间上市的甜瓜，上市越早，效益就越好。因此，早春设施种植甜瓜在满足甜瓜对温度、光照需求的前提下，可适当进行早播，以获得较高的经济效益。在我国的北方大部分地区，进入6月中下旬后，温度普遍升高，夜温也升高较多，昼夜温差减小，果实糖分积累受到抑制，影响甜瓜的品质。

（二）甜瓜植株调整方式

甜瓜按照植株整枝方式不同可分为爬地栽培和吊蔓栽培。

（三）甜瓜栽培方式

按照栽培时是否采取设施保护，甜瓜栽培方式可分为露地栽培和设施栽培。传统的甜瓜栽培方式多为露地栽培，栽培的时间多在晚霜过后，采用直播和育苗移栽的方式进行。设施栽培又分为日光温室、大棚栽培及小拱棚栽培。

1. 露地栽培 在我国大部分地区都可以采用露地栽培，特别是在我国西北干旱地区，如新疆、甘肃、宁夏及内蒙古等地，这些地区气候表现为炎热、干旱、少雨、光照充足、光照时数长、昼夜温差大等特点。因此，露地栽培甜瓜品质优，生育期病虫害较轻，栽培的品种多为厚皮甜瓜。在我国其他省市，用于露地栽培的甜瓜多为薄皮甜瓜。

2. 设施栽培

1）日光温室 日光温室种植甜瓜多为冬春茬口栽培，多采用早熟品种，一般在12月上中旬育苗，苗龄50天左右，采收期一般在翌年的4月下旬。此栽培茬口对设施保温条件要求较高，投入成本也较高，对种植者技术要求也较高。

2）大棚栽培 利用大棚栽培甜瓜，需要根据大棚保温情况来确定播种期，利用大棚来进行早春茬甜瓜生产，是目前我国设施甜瓜栽培面积最大的一种模式。播种期按照大棚覆盖层数及保温效果来确定。利用大棚延秋栽培一般在7月上中旬育苗，苗龄一般为10~15天，在9月下旬采收。

3）小拱棚栽培 小拱棚栽培因其投资少、见效快、易管理等特点，在我国一些地方栽培面积较大，是大棚栽培的有益补充。

五、甜瓜保护地栽培设施的设计与建造

（一）塑料大棚的结构及建造

1. 塑料大棚的种类 塑料大棚的高度一般在 2.5 米以上，跨度 7~15 米，面积可大可小，但一般都应在 1 亩左右。塑料大棚拱架上覆盖塑料薄膜，保温性能优于小棚和中棚，但不如日光温室。不过与日光温室相比，其结构简单，建造容易，投资较少，土地利用率高，操作方便。

塑料大棚按照棚顶形状可以分为屋脊形和圆拱形，我国常用的塑料大棚多为圆拱形；按照骨架材质可分为竹木和钢架两大类；按照连接方式可分为单栋大棚和连栋大棚。

2. 塑料大棚的结构 塑料大棚棚形及结构的设计、建造，应符合以下两个条件。

①大棚结构要安全可靠、经济有效，便于栽培和管理。

②大棚结构要合理，即高度与跨度要适当，大棚的高度与跨度比例应大于 0.25。实际生产中塑料大棚的高度与跨度的比例应该根据当地生产习惯及地理环境来确定。

3. 竹木结构的塑料大棚的建造 该大棚架材建造成本低，经济实惠，适合于农户或种植面积不是很大的家庭农场使用。该结构一般由立柱、拱杆、拉杆、压杆等组成，俗称"三杆一柱"。立柱主要起支撑大棚的拱杆和棚面的作用，呈纵横直线排列。纵向一般与拱杆间距一致，每隔 0.8~1 米设一根立柱，横向每隔 2~3 米设一根立柱。立柱的材质一般为水泥杆，也可以是镀锌管，高度为 1.8~3.5 米，中间最高，向两侧逐渐变低。建造栽培甜瓜为主的大棚，边立柱高一般为 1.5 米左右。拱杆是塑料大棚的骨架，决定了塑料大棚的形状及空间构成，并起支撑棚膜的作用。拱杆横向固定于立柱顶端，呈拱形。拉杆起纵向连接拱杆和立柱固定压杆的作用，使塑料大棚骨架形成一个整体，使塑料大棚更牢靠。压杆位于两根拱杆中间，棚膜上部，起压平、压实、绷紧棚膜的作用。压杆两端用钢丝与地锚连接固定。大棚棚膜一般选用 0.1 ~ 0.12 毫米的醋酸乙烯薄膜（EVA），该膜耐老化，防尘，无滴，在使用时一定要正面朝上，否则无效。

塑料大棚在扣塑料薄膜时应选择晴天无风的天气进行，先扣两侧下部膜，拉紧、整平，然后再将顶膜压在下部膜上，重叠 20 厘米以上，以方便下雨时顺水，防止雨水进入棚内。

4. 镀锌钢管大棚　一般采用热镀锌钢管为骨架。一般镀锌钢管大棚单栋建造的标准为跨度 8 米，长度为 50 ~ 100 米。在生产上常采用跨度 4 米连栋式连栋大棚，在甜瓜生产中具有操作方便、利用率高、生产效果好等特点。

5. 建造大棚场地要求　具备以下条件：

①地势平坦，避风向阳，场地的东、西、南三面应无高大的建筑物或树木，确保大棚全天都有充足的光照。不要在风口或窝风低洼处建棚，以免造成风害。

②排水良好，土层深厚，土壤肥沃。在建造大棚时，一定选择好排水良好的场地，如排水较差，需提前做好排水设施。同时要选择地下水位较低、富含腐殖质的肥沃土壤，切勿在地下水位较高的地方建棚。

③大棚的方位一般采用南北方向，南北大棚的光照分布均匀，大棚内白天温度变化较平稳，温度调节比较方便。在地形允许的情况下，偏角为南偏西。

6. 塑料大棚内环境状况

1）光照条件　大棚内的光照强度与薄膜的透光率、天气状况、棚的方位及棚的结构等有关。一般情况下，棚内的光照强度为外界自然光照的 40% ~ 60%。同时棚内的光照也存在着季节变化和光照不均现象。棚的结构不同，其骨架材料的截面积不同，因此形成阴影的遮光程度也不同，一般大棚骨架的遮光率可达 5% ~ 8%。据测定，单栋钢材及硬塑管材料结构大棚的受光较好，其透光率比露地减少 27.8% ~ 28.1%。

一般的塑料大棚没有外保温设备，其见光的时间与露地相同，不论直射光还是散射光，各部位都能透光，但棚内的光照强度始终低于露地。影响棚内光照强度的因素很多，如塑料薄膜的透光率、大棚骨架的遮阴状况等，均可降低棚内的光照强度。普通塑料薄膜内表面易凝结水珠，影响透光率，采用无滴膜可提高光照强度，旧塑料薄膜与新塑料薄膜相比透光率会明显下降。大棚内光照强度的垂直分布是距棚面越近越强，越往下越弱。

2）温度条件

（1）气温特点　塑料薄膜这种覆盖材料具有宜透过短波辐射和不易透过长波辐射的特性，棚内又是一个半封闭的系统，在密闭的条件下，棚内空气与棚外空气很少交换，因此晴好天气下棚内白天的温度上升迅速，而且夜间也有一定的保温作用，这是大棚内气温一年四季通常高于露地的原因所在。但是尽管如此，由于大棚夜间缺乏加温和其他保温设备，所以降温幅度也较大。因此，也就加大了昼夜温差，这是大棚气温变化的基本特点。

大棚内气温的日变化规律与外界基本相同，即白天气温高，夜间气温低。但晴天大棚内的温差明显大于外界，这是大棚内温度最显著的特点之一。通常在早春和晚秋，大棚内气温从太阳出来就开始回升，晴天 7～10 时气温上升迅速，密闭时每小时上升 5～8℃；12～13 时为日最高温度时刻，这一时刻比外界最高气温出现的时间略早；13～18 时，为降温时刻，每小时大约降温 5℃；18 时以后降温速度较慢，平均每小时降温 1℃；天亮前是日最低气温时刻，一般棚内气温高于露地 3～6℃。昼夜温差大，白天容易受高温危害，夜间容易发生霜冻。

棚内气温的昼夜变化，与棚体大小、季节变化有密切关系。其变化规律是：外界温度越高，棚温越高；外界温度越低，棚温越低。季节温差明显，昼夜温差大，晴天温度变化大、温差大，阴天温度稳定。

春季棚温白天可达 15～36℃，夜间通常比外界温度高 3～6℃。阴天上午升温缓慢，下午降温也慢，昼夜温度较平稳，但是由于白天热储量小，低温季节会出现冻害，阴天有风夜晚会出现“棚温逆转”现象（即棚内最低气温低于外界最低气温）。

不同季节的温度变化是：2 月上旬至 3 月中旬温度开始回升，3 月下旬当外界温度尚低时，棚温可达 15～38℃，比露地高 2.5～15℃；棚内最低温度为 0～3℃，比露地高 2～3℃；随着外界温度的升高，棚内外温差逐渐加大。

（2）地温特点　大棚内的地温虽然也存在着明显的日变化和季节变化，但与气温相比，地温比较稳定。从地温的日变化看，晴天上午太阳出来后地表温度迅速升高，14 时左右达到最高值，14 时后温度开始下降；随着土层深度的增加，日最高地温出现的时间逐渐延后，一般距地表 5 厘米深处的日最高地温出现在 15 时左右，距地表 10 厘米深处的日最高地温出现在 17 时左右，距地表 20 厘米深处的日最高地温出现在 18 时左右，距地表 20 厘米以下深层土壤温度的日变化很小。阴天大棚内地温的日变化较小，且日最高温度出现的时间较早。

棚内地温变化较小，3 月中旬以后一般为 5～12℃，4 月下旬为 10～25℃。随着作物生长遮蔽地面，地温增温值减小。6～9 月，由于棚内光照强度低于露地和植株的遮阴，棚内地温甚至低于外界地温。

3）湿度条件　棚内的空气湿度十分高，一般的变化规律是棚温升高，空气湿度降低；棚温降低，则空气湿度升高。棚温 5～10℃时，每提高 1℃，棚内空气相对湿度下降 3%～4%；棚温 20℃时，空气相对湿度 70%；棚温升至 30℃，空气相对湿度可降至 40%；白天空气湿度变化剧烈，夜间空气湿度比较稳定。较高的空气湿度容易引起病害的发生。

大棚内土壤湿度主要取决于灌水量、灌水次数、植株的耗水量等。调节棚内空气湿度的措施是覆盖地膜、减少土壤水分蒸发，浇水后进行放风换气等。

4）气流状况　大棚内在不放风时尽管没有风，但由于棚内温度的不均匀，仍能造成空气的流动。由地面向上流动的气流汇集到棚顶，称为基本气流。基本气流再从棚顶折回向下方流动，补充基本气流上升后形成的空隙，称为回流气流。大棚密闭时，基本气流的流速很慢，放风后受外界风速的影响流速提高。棚内不同部位基本气流的流速不同，中心及棚两端的流速慢，靠近放风口和出入口的部位，流速快，这也是造成大棚中心部位空气湿度大、病害发生较重的原因之一。大棚在不放风的情况下，回流气流从棚顶中央向地面回流，补充基本气流上升后形成的空间。从回流气流运动的规律来看，在大棚顶部和两侧，如果分别设置 3 条放风带，最有利于通风换气。若大棚比较高，从顶部扒缝放风有困难，可在两侧放风。

（二）日光温室的设计及建造

1. 日光温室的结构　目前在甜瓜设施生产中常用的日光温室多是半地下式类型，其结构主要由后墙、山墙、后屋面、前屋面、保温覆盖物组成。常用的墙体多采用土墙或双层砖砌墙体。

1）墙体　确定好建造的地块后，如采用土后墙的话，先用挖掘机把耕作层的土壤挖出堆放一旁备用。然后再挖土堆成温室后墙和山墙，后墙底部宽度应在 4 米以上，顶部宽度在 2 米以上，堆土过程中应将墙体夯实，后墙高度根据跨度不同而定，一般为 3.5 ~ 4.0 米。墙体堆好后，用挖掘机将墙体内侧切削平整，同时把耕作层的表土回填到大棚内。

如采用砖墙，可采用两种方法。一种方法是先砌两层砖，墙体间距 1.5 米左右，每隔 3.0 米左右加一道拉接墙将两层砖拉在一起，以防墙体填土时将砖体撑开。为提高墙体的整体承重，还需在墙体下部加设圈梁。在两层墙体间填土或保温材料，墙体顶部用砖砌平，并用水泥固化，注意后墙顶部外侧高度应低于放拱架处的高度，避免雨水从墙体顶部渗入温室内。另一种方法是和土建温室一样先堆土墙，然后在墙体内侧贴水泥泡沫砖，再用水泥磨光，外墙用水泥板覆盖，水泥抹平，也可用废旧保温被覆盖。

2）拱架　温室采用双弦钢拱架，即将钢管和钢筋用短钢筋连接在一起，根据温室跨度不同，一般每隔 1.5 米设置一个拱架，拱架之间每隔 3 米左右东西向用钢管连接。拱架上端放于后墙顶部水泥基座上，拱架后部弯曲要保证后屋面有足够大的仰角，以便于阳光入射屋内，使墙体尽量多吸收热能，拱架下端固定于温室前沿砖混结构的基座上。

3）后屋面　温室顶部以一道钢管或角铁将拱架顶部焊接在一起，以保证后屋面的稳固性。后屋面建筑材料一般为石棉瓦、薄膜等，外面覆盖水泥板，在水泥板预设压模线用的铁环，同时用水泥抹平，以防进水。

4）薄膜、保温被　温室使用的薄膜要求保温、防雾滴、防老化、防尘及透光率高，一般采用醋酸乙烯（EVA）或聚烯烃（PO）。保温被一般采用针刺毡保温被或发泡塑料保温被。

2. 日光温室内部环境

1）温度条件　日光温室内白天阳光透过塑料薄膜进入温室，被作物、地面和建筑材料吸收，其中一小部分为光合作用直接利用，大部分转化为热能，少量热能以长波辐射方式又透过塑料薄膜散失在大气中，还有一定量的热能以传导和对流的方式散失，但绝大部分热能积蓄在日光温室内。在夜间无太阳辐射或阴天太阳辐射微弱的情况下，由于有严密的保温设备，阻隔了日光温室内外热交流，减少了日光温室内热能的损失。

温度是影响作物生长发育的最重要的环境因子，它影响着植物体内一切生理变化，是植物生命活动最基本的要素。与其他环境因子比较，温度是日光温室栽培中相对容易调节控制的环境因子。

日光温室内的气温存在着明显的季节差异。12月下旬至翌年1月下旬是日光温室外温度最低的时期，日光温室内温度相应较低。一般日光温室内日平均温度比日光温室外温度高13～25℃，晴天内外温差大，阴天内外温差小。如遇连续阴雨天，容易造成低温伤害。2月下旬以后日光温室内温度逐渐上升，并趋于稳定。3月中下旬以后，日光温室内温度显著升高，最高温度可达40℃以上，如不注意通风，会造成高温伤害。

日光温室温度的日变化规律：晴天上午升温快，午后及夜间降温也快，最低温度出现在早晨揭苫前。在寒冷季节的晴天，揭开草苫后气温仍略有下降，但很快升高，在不放风的情况下，每小时上升5～6℃，13时最高，以后逐渐下降，15时下降速度加快。保温效果好的日光温室下降幅度小，遇寒流时保温作用显著。

日光温室各个部位的温度情况：白天水平方向南部靠前沿底脚0.5米范围内最低，其余部位南高北低，夜间则北高南低。东西向比较，上午靠东山墙部位低，下午靠西山墙部位低，靠门处最低。

温度的垂直变化情况：在密闭情况下，中部向前1.5米、1米高以上至屋面为高温区，一般比后部高5～6℃，距地面50厘米范围内气温较低。

室内5厘米深的地温，以室内中部最高。向南北递减，前底脚处最低，东西方向差异较小，靠山墙和门处低。

地温垂直变化情况：阴天深层高于浅层，浅层靠深层向上进行热传导，晴天随阳光照射，地表温度上升，随土层深度的增加而递减。夜间和阴天以10厘米深的地温为最高，向上下递减。

地温也有明显的日变化，晴天地温最高，随着深度的增加而逐渐下降。地表最高温出现在13时，5厘米深的地温最高温出现在14时，15厘米深的地温最高温出现在15时左右。

地温的日较差以地表最大，随深度的增加而减少，20厘米深的地温变化很小。

2）光照条件 "万物生长靠太阳"，植物的生命活动，都与光照密不可分，因为其赖以生存的物质基础，是通过光合作用制造出来的。日光温室是以日光为唯一光源与热源的，所以光环境对日光温室农业生产的重要性是处在首位的。

日光温室光照强度较露地低，由于塑料薄膜的吸收和反光作用，新膜的透光率只有80%～90%，吸尘后的旧膜透光率仅为60%～70%，同时由于透光面早、晚覆盖草苫缩短了光照时间，室内光照不足是限制园艺作物幼苗生长的重要因素之一。

日光温室框架、后墙、后屋面及山墙等不透光部分，都会形成阴影。由于阴影会随着太阳的高度而移动，造成了室内光照分布的不均匀性。

在光照强度分布上，日光温室南部为强光区，北部为弱光区。在强光区，南北水平方向光照强度差异不大，尤其是中柱前1米与中柱底脚为光照条件最佳区，其中1米高度以下光照强度的水平梯度很小。上部光照强度自南向北稍有减弱，至于日光温室东西两端，由于山墙的遮蔽作用，午前西部光照强，午后则东部光照强。日光温室中部光照强度的垂直分布是由上而下递减，在前屋面塑料薄膜附近，光照强度相当于自然光的80%，距地面0.5~1米处为60%，距地面20厘米处只有55%。

在中柱后部弱光区，光照强度不论水平方向上，还是垂直方向上差异都很明显。水平方向主要表现自南而北明显减弱，垂直方向表现为上下弱、中间强。

日光温室内的光照环境不同于露地，由于是人工建造的保护设施，里面的光照条件受建筑方位、设施结构，透光屋面大小、形状、覆盖材料特性、清洁程度等多种因素的影响。

日光温室内的光照强度，一般均比自然光弱，这是因为自然光透过透明屋面覆盖材料才能进入温室内，在这个过程中会由于覆盖材料吸收、反射，覆盖材料内面结露的水珠折射、吸收等而降低透光率。尤其在寒冷的冬春季节或阴雪天，透光率只有自然光的50%~70%，如果透明覆盖材料不清洁，使用时间长而染尘、老化等因素，使透光率甚至不足自然光强的50%。

日光温室内的光照时数，是指受光时间的长短，因设施类型而异。塑料大棚和大型连栋温室，因全面透光，无外覆盖，设施内的光照时数与露地基本相同。单屋面温室内的光照时数一般比露地要短，因为在寒冷季节为了防寒保温，覆盖的蒲席、草苫揭盖时间直接影响设施内光照时数。在寒冷的冬季或早春，一般在日出后才揭苫，而在日落前或刚刚日落就需盖上，一天内作物光照时间7~8小时，远远不能满足园艺作物对光照时数的需求。

日光温室内光组成（光质）也与自然光不同，主要与透明覆盖材料的性质、成分有关。以塑料薄膜为覆盖材料的日光温室，透过的光质就与薄膜的成分、颜色等有直接关系。玻璃日光温室与硬质塑料板材的特性，也影响设施内的光质。露地栽培太阳光直接照在作物上，光的成分一致，不存在光质差异。

露地栽培作物在自然光下分布是均匀的，园艺设施内则不然。受围护结构与骨架、立柱的遮光影响，日光温室内不同位置的光分布是有差异的。

3）湿度条件　日光温室是在封闭或半封闭的条件下进行生产的。地面蒸发和作物蒸腾作用产生的汽化水大多滞留在室内，空气湿度显著高于露地大气。

室内空气湿度与温度的关系：晴天随着太阳辐射增强、室温升高，空气湿度下降；夜间和阴天随着室温的降低，空气湿度升高。

空气湿度变化的规律：低温季节高于高温季节；阴天高于晴天；夜间高于白天；浇水前低，浇水后高；放风后下降。每天揭苫前空气湿度高，随着温度升高而下降，13～14时达最低值，以后又逐渐升高，盖苫后迅速上升。

4）气体环境条件　日光温室内的气体条件往往被人们所忽视，但随着设施内光照和温度条件的不断完善，室内的气体成分和空气流动状况对园艺作物生育的影响逐渐引起人们的重视。日光温室内空气流动不但对温度、湿度有调节作用，而且能够及时排出有害气体，同时补充二氧化碳，对增强作物光合作用，促进生育有重要意义。因此，为了提高作物的产量和品质，必须对设施环境中的气体成分及其浓度进行调控。

日光温室气体条件主要是二氧化碳浓度变化和有害气体的存在与积聚。室内小气候中二氧化碳的昼夜变化规律与空气湿度相一致：夜间作物呼吸作用放出二氧化碳，室内密闭气体流动受阻，二氧化碳浓度高于外界；白天随着太阳辐射增强，温度升高，作物光合作用加强，室内二氧化碳浓度显著下降，如不注意通风换气，午前降至300毫升/米^{3}以下，严重影响光合作用效率及产量。

日光温室大量施用农家肥和氮肥，导致产生亚硝酸，当空气中亚硝酸气体浓度达5～10毫升/米^{3}时，可对作物产生毒害。

由于日光温室内是一个封闭环境，空气流动性差，其气体构成与露地也有较大差异：

（1）氧气　在不与外界进行气体交换的情况下，日光温室内白天氧气含量较高，光合作用弱；而夜间氧气含量较少，影响植物正常的呼吸作用。

（2）二氧化碳　二氧化碳是绿色植物进行光合作用的原料，因此是作物生命活动必不可少的。一般露地大气中二氧化碳含量约为300毫升/米^3，这个浓度并不能满足作物进行光合作用的需要。日光温室内二氧化碳浓度一般白天比露地更低，严重制约光合作用效率，夜间二氧化碳含量较高，也会影响到植物正常的呼吸作用。若能增加空气中的二氧化碳浓度，将会大大促进光合作用即"气体施肥"，从而大幅度提高产量。露地栽培难以进行气体施肥，而设施栽培因为空间有限，可以形成封闭状态，进行气体施肥并不困难。

（3）有害气体　日光温室内由于空气流动性差，有毒有害气体成分的浓度较高。

①氨气。是日光温室内肥料分解的产物，其危害主要是由气孔进入植物体内而产生的碱性损害。氨气的产生主要是施用未经腐熟的畜禽粪、饼肥等有机肥（特别是未经发酵的鸡粪），遇高温时分解发生。追施化肥不当也能引起氨气危害，在设施内应该禁用碳酸氢铵、氨水等。氨气呈阳离子状态（NH_4^+）时被土壤吸附，可被作物根系吸收利用，但当它以气体从叶片气孔进入植物体内时，就会发生危害。当设施内空气中氨气浓度达到5毫升/米³时，就会不同程度地危害作物。其危害症状：叶片呈水浸状，颜色变淡，逐步变白色或褐色，继而枯死。一般发生在施肥后几天。

②二氧化氮。是施用过量的氨态氮而引起的。施入土壤中的氨态氮，在亚硝化细菌和硝化细菌作用下，要经历一个氨态氮→亚硝态氮→硝态氮的过程。在土壤酸化条件下，亚硝化细菌活动受抑，亚硝态氮不能转化为硝态氮，亚硝态酸积累而散发出二氧化氮。施入氨态氮越多，散发二氧化氮越多。当空气中二氧化氮浓度达2毫升/米³时可危害植株。危害症状：叶面上出现白斑，以后褪绿，浓度高时叶片叶脉也变白枯死。

③二氧化硫。又称亚硫酸气体，是由燃烧含硫量高的煤炭或施用大量的肥料而产生的，如未经腐熟的粪便及饼肥等在分解过程中，释放出大量的二氧化硫。二氧化硫对作物的危害主要是由于二氧化硫遇水（或湿度高）时产生亚硫酸。亚硫酸是弱酸，能直接破坏作物的叶绿体，轻者组织失绿白化，重者组织灼伤，脱水，萎蔫枯死。

④乙烯和氯气。日光温室内乙烯和氯气的来源主要是使用有毒的农用塑料薄膜或塑料管。因为这些塑料制品选用的增塑剂、稳定剂不当，在阳光暴晒或高温下可挥发出有毒气体如乙烯、氯气等，危害作物生长。受害作物叶绿体解体变黄，重者叶缘或叶脉间变白枯死。

（三）小拱棚的设计及建造

小拱棚的跨度一般为1～4米，高度一般为0.5～1.5米，造价低，结构简单。骨架一般采用细竹竿、竹片及玻璃钢等。

小拱棚的棚架为半圆形，一般南北走向，长度随地而定。按照制定的宽度把竹竿两端插入地下，形成圆形，拱杆间距在 30 ~ 50 厘米，全部拱杆插完后，在拱杆上部绑一道横拉杆，使整个骨架形成一个整体。

六、甜瓜的育苗技术

（一）甜瓜育苗存在的问题

俗话说"苗好一半收"，可见甜瓜苗期生长得好坏，对最后产量影响很大。如何培育健壮的幼苗需要很强的技术性，在幼苗生产中常由于以下几个方面出现弱苗、病苗、死苗（缺苗）。

1.营养土配制方面 由于施用未充分腐熟好的有机肥，从而发生烧苗，或造成根部病害严重发生；或因营养土掺杀菌剂、杀虫剂过多，导致发生药害；或因营养土土质过于黏重或过于疏松，影响根系生长；或因营养土内施用化肥过量，而引起烧苗。

2.种子处理方面 播种前种子未加处理或种子处理不合适，易导致出苗不整齐和病害发生。

3.温度管理方面 冬春季节栽培为了促进幼苗生长，管理上采取提高床温的办法，温度提得过高，导致幼苗徒长，影响花芽分化、病害发生等问题；阴雨低温天气，因怕幼苗受冻而不敢放风，从而造成苗床低温高湿而引发疫病；幼苗定植前未经低温锻炼致使幼苗肥而不壮，定植后返苗慢。夏季育苗时常因通风降温设施跟不上，温度过高而造成花芽分化不良，影响授粉坐瓜。

4.水肥管理方面 冬春季节育苗时，因施肥浇水过多，导致幼苗貌似壮大，但经不起定植后不良天气的考验，另外苗床湿度过大会引起幼苗徒长，发生沤根，诱发病害。夏季苗床易缺水干燥，但浇水方法不当，遇大雨时防涝措施常跟不上，导致病苗、死苗。

5.光照管理方面 冬春季节育苗时，对草苫等不透明覆盖物的揭、盖管理不及时，导致苗床上光照不足，致使幼苗茎细叶小，叶片发黄，易徒长、感病。而夏季育苗，则常因光照过强、温度较高时，没有遮阴物或遮阴过度而导致秧苗徒长。

6. 嫁接栽培砧木的选用方面 并不是所有的葫芦或南瓜都可作为甜瓜砧木使用。目前我国还没有特别适合甜瓜嫁接用的专用砧木品种，有些甜瓜品种嫁接后，若选用的砧木不合适，则会造成嫁接成活率特别低或甜瓜果实发生异味。

7. 覆土方面 甜瓜播种时常因播种后的覆土厚度不当（过厚或过薄）而影响出苗。

（二）甜瓜育苗所需设施及育苗茬口

甜瓜育苗常采用的育苗设施有塑料大棚、日光温室、连栋大棚等。现代化育苗设备在甜瓜育苗中应用广泛，主要有种子自动播种生产线、环境可控的智能发芽室、自行行走式喷灌系统、基质搅拌机、灌溉和施肥系统、控温系统、补光设备、环境自动监控系统等，这些设备的利用显著地降低了人工成本，节约了育苗用种量，提高了育苗生产效率，保障了种苗质量和供苗时间，种苗定植后易成活、缓苗快。

设施甜瓜栽培茬口主要有冬春茬、越夏茬和秋延茬，因此它们的育苗方式也不一样。下面主要以冬春茬及秋延茬为例介绍育苗技术。

（三）常规育苗技术

1. 冬春茬育苗 甜瓜喜温暖耐热、喜光较不耐寒，在气温8℃，土壤温度12℃时生长就会受到抑制，正常的生理机能就会被破坏。因此，在冬春季甜瓜育苗的关键是调节好育苗期的温度及光照，创造出适宜甜瓜苗期生长的外部环境。

1）确定适宜的育苗时期 育苗时期的确定要根据当地的气候、栽培甜瓜的设施类型、品种特性及目标上市期来确定。在正常天气情况下，冬春育苗时间一般需要40~50天（三叶一心）。

2）选择适宜的品种 根据当前甜瓜市场的现状和发展趋势，同时配合当地市场情况来确定合理的甜瓜品种。作为冬春茬栽培的甜瓜品种，一般要求该品种有早熟、耐低温、弱光、易坐瓜、品质优等特点。

3）育苗基质的配制 育苗基质应具备疏松透气，保水保肥，不带虫卵、病菌、杂草种子以及对瓜苗有害的物质。可根据当地基质资源选用草炭、秸秆、稻壳、菇渣等有机基质与珍珠岩、蛭石、沙等无机基质按照一定比例进行配比。一般以一种有机基质为主配另外两种无机基质，采用4：3：3进行混合，然后每立方米基质加入1.5千克复合肥混匀。也可购买甜瓜专用育苗基质。不管用哪种基质，都需要进行严格的消毒处理。消毒方法：每立方米基质用75%甲基硫菌灵水分散粒剂80克、80%敌百虫可溶粉剂60克进行混合均匀，用塑料薄膜覆盖闷5～7天，然后摊开基质等药气散发完后装盘。甜瓜一般选用32穴孔或50穴孔的育苗盘进行育苗。新穴盘一般不要消毒，老穴盘要进行消毒。

4）种子处理　甜瓜播种前对种子进行初选，选择粒大饱满的种子，剔除畸形、霉变、破损、虫蛀的种子，以及秕籽和小籽。种子处理主要包括晒种、温汤浸种、药剂处理、干热处理、催芽等措施。根据定植密度，按照成苗率90%来进行播种。精选种子后对种子进行以下处理：

（1）晒种　对精选过的甜瓜种子放在床带上，平摊厚度不超过1厘米，在太阳下进行晒种2天，并进行翻动，使种子晾晒均匀。如果是冷藏的甜瓜种子必须进行晒种，否则甜瓜种子会因低温冷藏造成种子活力下降而发芽不整齐。

（2）温水浸种　将晾晒精选过的甜瓜种子放在55℃的温水中进行浸泡，并不停地搅拌，维持水温55℃达到15分以上，待水温自然冷却，用干净的毛巾用力搓去种子表皮的胶状物，用水冲洗干净，在室温下浸种4小时。浸种时间不宜过长或过短：浸种时间过长，种子吸水过多，种子易"裂嘴"（特别是陈种子），影响种子发芽；浸种时间过短，种子吸水不足，发芽慢，易"戴帽"出土。一般新种子、饱满度好的种子浸种时间长一些，陈种子、饱满度差的种子浸种时间短一些。

（3）药剂处理　目前由于采种方式的改变，部分公司种子消毒不严格，种子带菌造成大田成株发病时有发生，在育苗时应严格进行种子消毒。用0.2%高锰酸钾溶液浸种20分后捞出用清水充分洗净，可以灭杀种子表面的病菌；用10%磷酸三钠溶液浸种消毒20分后捞出用清水充分洗净，可钝化种子表面的病毒；用50%多菌灵可湿性粉剂500倍液浸种消毒1小时后捞出，用清水充分洗净，可以防止炭疽病的发生。用药剂消毒时一定要严格掌握药剂的浓度及处理时间，同时消毒完成后立即用清水冲洗干净。近几年，甜瓜果腐病发生严重，造成的损失较大，因此切断传染源至关重要，对于种子一般用40%甲醛100倍液消毒1小时，然后用清水冲洗干净。

（4）催芽　甜瓜催芽适温一般为 28～32℃，低于 15℃或高于 40℃均不利于种子发芽。在催芽时，要保持种子通气，不要有积水，经常翻动种子，使种子受热均匀，催芽的时长以见到种子露白为好。在 30℃的温度下，甜瓜种子一般 24 小时就可以出芽。如果天气不宜播种，可以把种子摊开，上盖湿布，放在 10～12℃的冷凉环境下，以防止芽子继续生长。

（5）播种　冬春茬甜瓜苗龄一般为 40～50 天，冬春茬播种一般晴暖天气上午播种，播种时苗床温度应不低于 16℃，最好在 20℃以上，播种前应把育苗盘用 40℃温水浇透，每穴播种一粒种子，种子平放，芽尖向下，上覆盖 1～2 厘米厚的营养土，播种后及时覆盖地膜保温保湿，夜间根据温度情况进行加温，出苗前使地温尽量保持在 25℃以上，白天气温保持在 32℃以上，使种子快速出土，当 50% 的苗子顶土时，及时揭掉地膜，并通风降温换气。

5）苗期管理

（1）温度管理　苗期温度管理为分段管理：播种至出苗，白天温度在 32℃以上，夜间在 25℃以上，土壤温度 25℃以上；出苗至破心，白天温度 20～25℃，夜间温度 15～18℃，土壤温度 25～27℃；破心至炼苗，白天温度 26～29℃，夜间温度 17～19℃，土壤温度 20～25℃；出苗期，白天温度 20～25℃，夜间温度 15～17℃，土壤温度 16～19℃。在阴雨天气，苗床的白天温度要比晴天的温度低 3～4℃，防止因光照弱、温度高造成幼苗徒长。

（2）光照管理　在寒冷季节育苗时，雨雪天气较多，要注意增加苗床的光照，白天及时揭开覆盖物，晚间适当晚盖覆盖物。同时要经常扫除薄膜表面上的灰尘等，保持薄膜的透光度。在温度合适时，可将薄膜揭开，让瓜苗接受阳光的直射。揭膜时应并注意观察，发现幼苗萎蔫、叶片下垂时，应及时盖上薄膜，待幼苗恢复后再慢慢揭开。连续阴天时，只要棚内温度达到 10℃以上，仍要坚持揭开覆盖物，如温度特别低时可边揭边盖。久阴乍晴时，覆盖物应反复揭盖，使苗床形成花阴。连续阴天后突然放晴的第一个晴天，可在苗床上喷温水，然后再慢慢揭开覆盖物。有条件的地方可补充光照，一般在 10 米² 的苗床上均匀悬挂 2 只 500 瓦碘钨灯，悬挂高度距离苗子 1.3 米。

（3）湿度管理　在苗期应严格控制浇水及浇水次数，浇水时最好用温水。在苗子生长过程中，如发现瓜苗脱肥现象，可结合浇水进行少量施肥，可用 0.2% 尿素液浇灌，也可叶面喷施 0.2% 磷酸二氢钾。一般情况下，育苗基质按照要求进行配比，在苗期一般不会出现缺肥现象。

（4）低温炼苗　甜瓜幼苗定植前需要进行降温、控水处理，以增加幼苗的抗逆性和适应性。幼苗在定植前5～7天要进行炼苗，选择晴暖天气浇透水，然后通过通风、降温、排湿，白天温度控制在20～22℃，夜间17～19℃。如在炼苗期间突遇寒流天气，应注意苗子保温防寒，寒流过去后继续炼苗。

（5）病虫害防控　甜瓜冬季育苗易发生猝倒病、立枯病、炭疽病、白粉病等浸染性病害以及冷害、沤根等生理性病害，在防治上应采用综合防控措施。育苗基质一定要进行严格的消毒，种子也要进行灭菌消毒，以减少发病机会。同时加强苗床管理，合理浇水，控制温度、湿度，防止温度、湿度忽高忽低，加强光照，使幼苗生长健壮，增强抗病力。如苗床已发生病害，及时拔除病苗并进行喷药防治，若苗床喷药后湿度大可在苗床撒草木灰降低湿度。冬季育苗常见虫害有白粉虱、蚜虫、蓟马等，防治应以防为主，综合防治。

（6）壮苗的标准　冬季甜瓜壮苗的标准：苗龄40天左右，三叶一心，苗高10～15厘米，下胚轴粗壮，茎秆直径0.25厘米以上，节间短，子叶完整，叶片肥厚呈深绿色，有光泽，无病斑虫害。根系洁白，发育良好，主根和侧根粗壮、完整。

（7）冬季育苗常见的问题　冬季育苗过程中气温较低且变化剧烈，光照时间短，且常有寒流发生，这些条件均不利于幼苗的生长发育。冬季育苗易出现的问题见表6-1。

表6-1　冬季育苗易出现的问题

问题	症状	原因	解决方法
不出土	幼芽腐烂或干枯	基质中使用的化肥农药等过多；或使用未腐熟的有机肥；或基质湿度大，温度低；或基质过于干燥；陈种子等	合理配备基质，提高育苗温度，防治基质过湿过干，使用质量高的新种子
种子"戴帽"出土	种壳包住子叶一块出土	播种时基质覆盖过薄或基质过干；地温低、出苗时间长造成芽破土差	播种后覆盖2厘米厚的药土，保持苗床温度和湿度，一旦"戴帽"出土，需要人工"摘帽"，可在早晨喷温水，在种皮潮湿时"摘帽"
高脚苗	下胚轴细长，子叶叶柄长，叶片小、薄、颜色浅，植株细弱	苗床光照差，温度高，湿度大；或氮肥施用过多	出苗后至第一片真叶展开苗床温度控制在22～25℃，严格控制浇水，增补光照，及时通风降温排湿

问题	症状	原因	解决方法
子叶畸形	子叶大小不一，或子叶开裂或合抱、黏连等	种子质量差，或苗床温度低、腋芽发育不良	精选高质量种子，合理提高苗床温度
僵苗、小老苗	幼苗矮小、不发育或生长缓慢，主根发黄，白根少	土温过低、养分缺乏、连续阴天光照差	及时补肥，合理地进行光照、温度管理
闪苗	叶片出现生理性萎蔫	苗床内温度、湿度较高，突然放风造成地温干燥引起	通风时量要由小到大，缓慢降温，使幼苗逐步适应
沤根	叶片深绿而不舒展，严重时叶缘枯黄。根系发黄甚至腐烂	苗床长时间湿度大、温度低，光照差	苗床基质温度不低于15℃，防止苗床湿度过大，在连续阴雨天气进行补光
高温灼伤	生长点受高温强光灼伤，嫩叶失水萎蔫，幼苗严重死亡	连续阴天突然放晴、育苗后期强光直射幼苗	避免连续阴天幼苗突然见强光；同时进行合理温度管理
出苗不整齐	出苗时间相差时间过长，或有的地方苗子出土整齐，有的地方出土差	种子混杂有陈种子，或种子饱满度不一致，或浇水不均匀，或温度管理不一致等	选择质量高的种子，种子播种后覆土要一致，温度、湿度管理要均衡

2. 夏秋季甜瓜常规育苗技术 夏秋季天气变化剧烈，高温多雨，高温干旱，病虫害发生严重。夏季气温往往超出甜瓜生长的适宜温度，易造成甜瓜花芽分化不良，影响甜瓜的授粉和坐瓜。夏季一般降水多，湿度大，温度高，易造成瓜苗徒长，且夏季蚜虫、白粉虱、斑潜蝇、蓟马等害虫活动猖獗，对甜瓜危害特别大，因此夏季甜瓜育苗应采用避雨育苗，苗床要具备"三防"条件，即防高温、防雨水、防虫害。

1）防高温 在甜瓜育苗时，尽量选择地块开阔、通风良好的地方，在大棚内育苗，应将大棚四周的薄膜都揭开，并用防虫网与外界隔离。有条件的育苗大棚可加抽风机和湿帘，在高温时进行人工降温。在温度较高时，也可在育苗棚上搭建遮阳网或其他覆盖物，以降低温度，但遮阳降温不能全天使用，只有在高温强光时段时使用，以免造成瓜苗徒长。

2）防雨水 甜瓜育苗期最怕雨淋，因此夏秋季甜瓜在大棚内育苗，目的是防雨。且苗床要高出地面，防止雨水倒灌，造成瓜苗出现烂根或生长不良。

3）防虫害 夏秋季甜瓜育苗由于害虫活动猖獗，仅靠化学药剂防治效果并不完全奏效，所以要进行综合防控。一是要把甜瓜育苗室与外界严格隔离开，在育苗棚通风口安装40目的防虫网。二是把育苗棚四周及棚内杂草清除干净。三是及时进行喷药防治，在甜瓜苗期喷药时，一定对苗床周边的杂草或作物喷药，消灭附近的虫源。

（1）种子消毒　种子消毒与冬春茬消毒一致，对部分病毒病发生严重的地区，在种子消毒环节一定要把种子用 10% 磷酸三钠浸泡 20 分，再用清水冲洗干净。

（2）播种　夏秋季甜瓜育苗一般采用 72 穴孔的育苗盘。该时期温度较高，播种期把苗床用大水浇透，可以采用干籽直播，不需要催芽，且播种后不需要覆盖，但要保持苗床湿润。

（3）苗床管理　加强通风，防止幼苗徒长。在保证防雨的情况下，苗床四周的通风口尽量开到最大，进行大通风。当阳光过于强烈，可在 11～15 时用遮阳网进行覆盖，但覆盖不能过度，一般只在晴热天气短时进行。定植前，不宜遮阴，应让瓜苗多见光，防止瓜苗徒长。有条件的设施可用湿帘和风机进行降温。夏秋季甜瓜育苗苗床极易干燥，应及时浇水。浇水时间应选择在晴天早晨或傍晚前浇水，尽量不要在中午前后浇水，水要用在棚内储存的水，不要直接用井水淋苗。

（4）病虫害防控　夏秋季甜瓜育苗，苗期易发生炭疽病、果腐病等病害，多发生在连续阴雨、苗床湿度大时。为防治此类病害，苗期可喷施 64% 噁霜·锰锌可湿性粉剂 800 倍液 +3% 中生菌素 600 倍液。虫害主要有蚜虫、蓟马等，可在出苗后喷施 25% 噻虫嗪可湿性粉剂 4 000 倍液。

（5）夏秋季甜瓜壮苗标准　苗龄为 12～15 天，一叶一心，苗高 8～12 厘米，茎秆直径 0.25～0.30 厘米，叶深绿肥壮，无病虫害，根系发达，洁白，布满整个穴盘。

（四）甜瓜嫁接育苗技术

甜瓜嫁接育苗不仅能有效解决甜瓜枯萎病等土传病害，而且能解决早熟栽培中低温问题。甜瓜嫁接栽培，由于砧木根系更为发达，根系吸收能力更强，甜瓜生长更为健壮，增产效果显著，能大大提高种植户的经济效益，甜瓜嫁接苗在甜瓜生长上的应用比例越来越大。目前，甜瓜嫁接苗缺口较大，市场潜力较大，在甜瓜嫁接育苗中，关键解决好甜瓜与砧木的亲和性和嫁接浇水等问题。我国由于对专用砧木的研究不够，各地使用的砧木品种不尽相同，另外不同甜瓜品种适合的砧木也不完全相同，在选用砧木品种时，要先试验成功后再推广。

1. 砧木的选择　与甜瓜亲和性比较强的砧木有笋瓜、南瓜、瓠瓜、葫芦等，但作为甜瓜砧木在生产应用中存在一些问题，多是嫁接成活率很高，在中后期发生急性萎蔫，产生共生不亲和现象。有些嫁接苗在去掉南瓜砧侧芽前成活很好，一旦去掉侧芽，甜瓜叶片叶缘会发黄，直至萎蔫死亡。种植户一般归结为嫁接问题，很可能是甜瓜与砧木之间存在共生不亲和现象。

甜瓜结穗对砧木的嫁接亲和性和共生亲和性要求都较高，不同组合、不同品种间的亲和性差异很大，且甜瓜嫁接苗受外在环境影响较大，特别是温度和季节。因此，在选用砧木嫁接甜瓜时，一定要先进行试验，确保嫁接苗的共生亲和性。如选择砧木不当，可能导致植株徒长、结瓜推迟、风味变差等情况。另外，南瓜砧木不宜在网纹甜瓜上嫁接使用，易引起网纹变形、外观品质下降等情况。鉴于甜瓜接穗与砧木亲和性要求较高，生产上接穗与砧木组合不可随意调换。

2. 播种期的确定　要根据砧木的种类和嫁接方法而定，因为不同的嫁接方法对砧木的大小要求不同，而不同砧木种类的幼苗又存在生长快慢的差别，要想使砧木的嫁接适期与接穗的嫁接适期相遇，必须安排好正确的播种期。采用插接法，要求接穗要小，所以要先播砧木（南瓜），3～4天再播接穗（甜瓜）；采用靠接，要求有较大的接穗，则先播接穗（甜瓜），3～4天再播砧木（南瓜）。

3. 砧木和接穗苗的培育　将砧木种子在室温下浸种6～8小时，用湿纱布包好后置于25～28℃条件下催芽。砧木出芽后，播种到浇透水的营养钵中，覆1.5～2厘米厚的潮湿细土，并盖一层地膜以保温保湿。甜瓜种子出苗后可直播于温室中的育苗床或育苗盘中，以营养土或细沙为基质，播种后覆1厘米厚的细土或1.5厘米厚的细沙。播种后出苗前保持25～28℃的地温，当70%幼苗出土后，应及时揭去地膜并适当降温，白天保持20～25℃，夜间16～18℃，控制浇水，防止下胚轴徒长。如土表干裂，可覆盖少量潮湿的细沙以减少蒸发。嫁接前1～2天适当通风炼苗，以提高幼苗的抗逆性。

4. 嫁接前的准备

1）嫁接工具

（1）切削及插孔用工具　用刮须的双面刀片削切砧木的接口和接穗的楔。插接法需自做竹签在砧木上插孔，签的直径与接穗茎的直径相仿，签的横切面呈鸭舌状扁圆形，顶端锋利，穿插孔的大小正好与接穗双面楔的大小相符。其制法是，取长10厘米、宽2～3厘米的竹皮儿一块，竹皮儿一头削成稍扁的长1厘米左右的楔形（呈鸭舌状），直径以砧木下胚轴的直径为准，以保证插孔时不撑破砧木下胚轴（要同时制备3～5个直径稍微不同的竹签），另一头削成铲形，长度也是1厘米，先打磨光滑后，再放在油锅内炸一下即可。

（2）接口固定物　嫁接后砧木与接穗在接口处固定，固定接口最方便的是用塑料夹，这是一种嫁接专用的夹子，小巧轻便，价格低廉。在使旧塑料夹子时，应事先用福尔马林 100 倍液浸泡 8 小时进行消毒。

（3）消毒工具　广口小瓶中放入 75% 酒精和棉花，操作时工作人员的手指、刀片、竹签等都应消毒，防止病菌从伤口带入植物体内。

2）嫁接场所　嫁接不但要求空气的温度与湿度适宜，而且要求无风的环境。适宜的环境不仅操作灵便，对植株切接伤口愈合也有利。空气相对湿度与接穗的失水萎蔫密切相关，因此，要求空气相对湿度在 90% 以上的湿润环境，以防止甜瓜接穗失水萎蔫及愈合后的成活生长。绝对无风的环境与切口愈合速度快慢密切相关。为了提高嫁接工效，用长条凳或木板作嫁接台，专人嫁接，专人取苗运苗，连续作业，防止出现差错。

4. 嫁接方法　甜瓜的嫁接方法很多，如舌接、贴接、插接、芽接、劈接、芯长接、长筒接、直角切断接、楔接、两段接、一箭双雕接等。嫁接操作可分为离土嫁接和不离土嫁接。离土嫁接是把砧木和接穗幼苗从播种盘或苗床拔起进行嫁接，嫁接后定植于营养钵中。不离土嫁接是将砧木播种或移植在营养钵中，当砧木幼苗适宜嫁接时，取接穗苗直接嫁接在砧木上。靠接一般多采用离土嫁接，而插接、劈接、贴接法可以采用离土嫁接，也可以采用不离土嫁接。

1）插接法

（1）嫁接工具　剃须刀片和特制竹签。

（2）操作要领　以不离土嫁接为例。

第一步，取砧木。取砧木一株放于操作台上。

第二步，剔去砧木生长点。先用左手中指和无名指夹住砧木苗下胚轴，食指从两子叶间的一侧顶住生长点。右手拿竹签，用铲形一端剔去砧木生长点。

第三步，插孔。用锥形端在伤口处顺子叶连接方向向下斜插深 0.7~1 厘米的孔，不可插破下胚轴，以手感竹签似要插破下胚轴而未破最合适；操作完上述工序后，将砧木迅速稳放于操作台上，竹签先不要拔出。

第四步，削接穗第一刀。拿起事先已经拔起的接穗苗，用左手中指和拇指轻轻捏住子叶，食指托住下胚轴，右手持刀片将下胚轴上表皮削去 1 厘米后切断。

第五步，削接穗第二刀。翻转接穗，从另一侧斜削一刀，呈长 0.6~0.7 厘米的双面楔形。

第六步，插合。拔出砧木上的竹签，将接穗插入砧木插孔处，使砧木子叶与接穗子叶呈十字状。接穗下插要深，即将接穗有皮部分插入一点，以增加愈合面，提高成活率。

2）舌接法　又叫靠接，嫁接时削去砧木1片子叶的叫单子叶靠接，保留2片子叶的叫双子叶靠接。

（1）嫁接工具　刀片、塑料嫁接夹。

（2）操作要领　嫁接时取大小相近的砧木和接穗，最好二者都拔出苗床。

第一步，剔生长点。先剔去砧木的生长点。

第二步，切砧木。在砧木下胚轴上端离子叶节0.5～1厘米处，用刀片向下以45°斜削一刀，下刀要掌握准、稳、狠、快的原则，一刀下去，不可拐弯和回刀；深度为胚轴的1/3，长度为1厘米。

第三步，切接穗。立即取接穗苗，并在其下胚轴上端1厘米处向上斜削一刀，深度与砧木切口相等。

第四步，插合与固定。放下刀片，右手拿接穗，左手拿砧木，用左手拇指和食指捏住砧木子叶处，中指和无名指夹住下胚轴，使切口稍微张开，右手拇指和食指捏住接穗，并用中指将接穗切口稍撑开，上述动作要快，即砧木和接穗切好后，迅速使二者嵌合，用嫁接夹夹牢。为利于之后断根，砧木和接穗根系要自然分开1～2厘米。

3）劈接法

（1）嫁接工具　同靠接法。

（2）嫁接适期　砧木苗龄应稍大些。瓠瓜砧（含葫芦）一般提前6～8天播种，置于苗床内培育成下胚轴粗壮的秧苗，在移栽砧木苗的同时，播种催芽的接穗。也可将砧木直播到营养钵内。当接穗子叶展开时，即可嫁接。

（3）操作要领

第一步，剔砧木生长点。砧木苗保留在营养钵内，将生长点剔去。

第二步，劈砧木。用刀片从两子叶中间的下胚轴一侧，自上而下纵向下劈，保留1～1.5厘米长的切口，切口深度约为下胚轴的1/2，不可将下胚轴两侧全劈开。

第三步，削接穗。紧接着将接穗下胚轴削成扁楔形，削面长1～1.5厘米。

第四步，嵌合。将带皮的一面插入砧木劈口内，用拇指轻轻压平，嵌合。

第五步，固定。用嫁接夹固定。

4）芽接法　此法最适用于甜瓜的嫁接栽培。

（1）嫁接工具　同劈接法。

（2）操作要领　播砧木苗于营养钵中，待砧木苗长出真叶后在育苗盘或沙床上播接穗，接穗刚出苗，胚轴还没有伸直时嫁接。

第一步，剔掉生长点。先剔掉砧木的生长点。

第二步，切砧木。在砧木子叶下方1厘米处切斜口，下刀时从上往下约40°切入胚轴的1/3，长度1~1.2厘米。

第三步，处理接穗。取一个接穗芽在贴近子叶2厘米处用刀削成双面平楔形。

第四步，插合。将接穗芽插于砧木切口。

第五步，固定。用嫁接夹固定。

5）贴接法　夏秋高温季节育苗此法较实用。

（1）嫁接工具　同芽接法。

（2）操作要领　砧木顶土待出时播接穗，待砧木破心正好接穗出苗时为嫁接适期。

第一步，处理砧木。嫁接时自砧木顶端呈30°削去一片子叶和刚破心的真叶。

第二步，处理接穗。取接穗苗从子叶下留2厘米削成单面楔形，楔形长度与砧木切口长度相等。

第三步，贴合固定。迅速使二者的切口贴合，用嫁接夹固定后假植。

5. 嫁接后的管理　嫁接能否成活或成活率的高低，除与操作人员嫁接技术生熟程度有关外，关键还决定于嫁接后假植期间苗床上的管理。

嫁接后的管理主要包括苗床的处理，苗床温度、湿度、光照及空气等环境条件的调节和运用，去除萌芽及断接穗根，分级管理，除去接口固定物。这些措施调节和运用得好，成活率就高，反之成活率就低。

1）苗床处理　嫁接前应搞好苗床消毒，嫁接时，每嫁接一株立即摆放到苗床上，并浇足水、遮好阴，苗床摆满后，在苗床上插拱、扣塑料薄膜，并把塑料薄膜封严，不得透风漏气。

2）温度、湿度、光照及空气的调节和运用　嫁接后伤口的愈合，需要保持一定的温度、湿度、光照、空气等环境条件。

嫁接苗假植后的几天内，由于输导组织不能正常运输，根系吸收的水分不能足量地供茎叶需求，若遇强光直接照射，极容易使接穗叶片因蒸腾加剧而引起失水萎蔫。因此，初期应全遮阴，以后逐渐见光，让其缓慢适应嫁接后的生活及生长条件。嫁接10天后，白天温度升至30℃，进行高温炼苗，此时，应淘汰假活的苗子。苗床内温度达不到上述标准要进行加温调节。

3）去萌芽及断接穗根　嫁接5~7天，若砧木顶芽铲除不彻底，即可萌发出来，这些不定芽和接穗争夺养分，不但直接影响接穗的成活和生长，而且在甜瓜嫁接时若除萌不及时，萌芽过长，它的同化产物还可输送到植株上去，导致品质变差，因此要及早除去。

采用靠接法嫁接，嫁接后要试着为接穗断根。其方法是在嫁接7~10天，先用手重捏接穗嫁接口下方1厘米处的下胚轴，看接穗是否萎蔫：若接穗叶片萎蔫可等1~2天再捏；若接穗不萎蔫，可用刀片从嫁接口下1厘米处割断接穗下胚轴，使其成为名副其实的嫁接苗。

4）分级管理　嫁接苗因受亲和力、嫁接技术等多方面因素的影响，会产生成活程度不一致的现象，一般嫁接苗有4种情况，即完全成活、不完全成活、假成活和未成活。首先是将未成活的苗挑出来，对一些生长缓慢的和不完全成活、假成活的嫁接苗，一时不易区别，可以放在温度和光照条件好的位置，这样生长慢的会逐渐追赶上大苗。假成活的苗可以淘汰。

（1）完全成活　纵向维管束系统结合1/2以上，形成愈伤组织生长正常的植株，包括发生不定芽的植株。

（2）不完全成活　纵向维管束系统不完全结合，少数中心腔内发根。发生不定根生长不良植株，停止生长株。

（3）假成活　该现象主要发生在不断根嫁接，砧木与接穗之间纵向维管束没有结合，前期接穗生长良好，主要是靠接穗自身根系吸收营养，与正常成活的嫁接苗外表无异，但如果从嫁接部位下切断接穗的茎部，接穗很快就会发生萎蔫、枯死。

（4）未成活　结合部分异常，砧木再生芽株，接穗发根株，枯损株，枯死株。

5）除去接口固定物　靠接法、劈接及部分插接等接口需要固定，如用塑料嫁接夹固定的应当解去夹子。解夹不能太早，在定植前除夹易使嫁接苗在搬动过程中从接口处折断，所以要等到定植成活后去夹最为安全。但是也不宜过晚，定植后长期不取夹，根茎部膨大后夹子不易取下，同时接口处夹得太紧，影响根茎部发育。

6）特别提示

（1）防病　嫁接前要对砧木和接穗喷洒杀菌剂（以高研防腐灵2号为好），以防伤口感染，导致植株腐烂死亡。

（2）防水防污　嫁接时砧木和接穗植株上都不能沾有水滴及污物。

（3）保湿　接穗苗提前拔出苗床时要注意保湿防蔫。

（4）切口齐平清洁　砧木、接穗的切口要对齐，不得错位，并保持无泥土、异物，否则要用卫生纸或棉球轻轻擦除。嫁接夹上口要与砧木和接穗的切口上面持平。

（5）环境　嫁接操作要在适宜的温度、湿度及无风的环境条件下进行，并要做到随嫁接，随栽植，随浇水，随扣棚膜。

（6）嫁接一畦密闭一畦　嫁接时最好每天每班次操作者嫁接一畦结束，用薄膜密封一畦，若畦未满，也要密封。不到放风时间不要打开塑料薄膜，以利于嫁接苗成活和方便后期管理。

（7）场地要求　育苗嫁接场所要靠近大田，防远距离运输损伤瓜苗。

（8）定植深度　嫁接苗定植时，一定要注意定植深度以嫁接口高于地面3~4厘米为好，以防止嫁接苗与土壤接触产生不定根，失去嫁接意义。

6.确保嫁接成功的技巧

1）熟练嫁接技术　嫁接实践证明，嫁接苗的成活率，取决于砧木、接穗切口或插孔愈合速度的快慢。切口或插孔愈合速度的快慢，除受环境条件（温度、光照、空气、湿度）及砧木和接穗本身质量影响外，还与嫁接工作者对砧木、接穗的切口（或插孔）的处理正确与否有关。对切口（或插孔）的处理包括：砧木切口或插孔的位置是否合适；接穗的楔形切削是否合适，特别是双面楔的切削是否处于水平位置；靠接用的舌形楔的舌形是否顺直，楔面的宽度和长度是否到位等。这些都与嫁接工作者的技术熟练程度有关。

如果嫁接者不能正确处理砧木和接穗的切口或插孔及楔形的位置、深度及长度，或者砧、穗在接合过程中造成错位，都直接影响着嫁接苗的成活率。因此，要求嫁接者在进行嫁接苗生产时，一定要先进行嫁接熟练性练习。常用的措施是：在进行嫁接生产用苗前，可先播种一部分劣质或种价较低的砧木和接穗苗，也可采集鲜嫩的树叶叶柄、甘薯叶柄等，或近似于瓜菜下胚轴或幼茎的植物组织，练习嫁接，待操作方法练习熟练后，再进行嫁接生产用苗的操作，以做到下刀准、快、稳，保证嫁接成活。

2）综合运用多种嫁接手段　砧木和接穗在播种出苗至生长到适宜嫁接苗龄的时间里，无时无刻不在受着环境因素（水分、肥料、空气、温度、光照、土壤通透性等）

的影响，管理稍有不慎，在生产中就会出现砧木与接穗苗龄不适嫁接的情况，具体表现在：插接时砧穗粗细不配；靠接时幼苗的高低不配；贴接时苗龄不配等。因此，嫁接者一定要多掌握几种嫁接方法，在嫁接过程中，视接穗和砧木的单株幼苗生长状况，采用不同的嫁接方法，如砧木粗穗细可采用插接法，砧木细穗粗可采用贴接法；砧木大穗小可采用插接法；穗大砧木小可采用靠接法，或芯长接法；砧木低穗高可采用贴接法或劈接法；砧木高穗低可采用直角切断接法等。

七、甜瓜的施肥技术

（一）肥料的种类和特点

1. 有机肥料的种类与特点　有机肥料种类多、来源广、数量大，最常见的有粪尿肥、堆沤肥、绿肥、饼肥及沼渣等。

1）粪尿肥　粪尿肥是指用家畜、家禽、鸟类等的排泄物做成的肥料，其中含有丰富的氮、磷、钾、钙、镁、硫、铁等营养元素，及有机酸、脂肪、蛋白质及其分解物。

（1）家畜粪尿肥　家畜粪尿肥的主要成分是纤维素、半纤维素、木质素、蛋白质及其分解产物、脂肪类、有机酸、酶以及各种无机盐类。因为家畜种类、年龄、饲料和饲养管理方法等不同，所以其粪尿的排泄量和养分含量差异很大。

家畜粪尿肥中除猪粪尿外，均含有机质较多，氮、磷含量一般比钾高。家畜尿中含氮、钾较多而磷较少。羊粪尿中氮、磷、钾含量最多，猪、马次之，牛最少。以排泄量而论，牛最多，马次之，猪又次之，羊最少。

①猪粪的养分含量较丰富，其氮素含量是牛粪的2倍，磷、钾含量均多于牛粪和马粪。只是猪粪中的钙、镁含量低于其他粪肥。猪粪碳氮比值较小，且含有大量氨化细菌，比较容易腐熟。另外，猪粪劲柔和，后劲长。

②羊粪粪质细、养分浓厚。羊粪是家畜粪中养分含量最高的一种，尤其是有机质、全氮、钙、镁等物质的含量更高，为热性肥料。

③兔粪是一种优质高效的有机肥料，其中蔬菜施肥含量比羊粪高，还有驱虫的作用。用兔粪液施在番茄、白菜、芸豆等蔬菜根旁，可防止地下害虫的危害。

④牛粪粪质细密，含水量高，通气性差，分解腐熟速度慢、发酵温度低，被称

为冷性肥料。牛粪是家畜粪中养分含量最低的一种；氮素含量很低，其碳氮比较大。牛粪的阳离子交换量较大，在有机质含量少的轻质土壤施用，有良好的改良作用。

（2）家禽粪尿肥　家禽粪尿肥是良好的有机肥料，特别是对于规模饲养的专业户和养殖场，更是一个不可忽视的肥源。家禽粪尿肥主要有鸡粪、鸭粪、鹅粪等。其性质和养分含量与家畜粪尿肥不同，家禽的饲料组成比家畜的复杂，如虫、鱼、谷、菜等，家禽均可食用，由于其消化道短，营养成分吸收不彻底，加之家禽的粪尿是混合排泄的，养分含量远高于家畜粪尿肥。但家禽粪中氮多呈尿酸态，不能直接被作物吸收利用，且用量过大易伤害作物的根系，因此家禽粪施用前必须经过腐熟处理。

家禽粪尿肥也是热性肥料，在堆放过程中易产生高温，造成氮的挥发损失。在各种家禽粪中，以鸡粪、鸽粪的养分含量最高，鸭粪、鹅粪次之。

2）堆沤肥　堆沤肥是利用城乡生活废弃物、垃圾、人畜粪尿、秸秆、工业残渣等为原料混合后，按一定方式进行堆制或沤制的肥料。堆沤肥的材料按性质可分为3类：不易分解的物质，如秸秆、杂草、垃圾等，这类物质含纤维素、木质素、果胶较多，碳氮比大，一般在（60～100）∶1；促进分解的物质，如畜禽粪尿、污水、污泥和适量的化肥，其目的是补充足够的氮、磷、钾营养，调节碳氮比，增加各种促进腐熟的微生物，在有机物腐解中会产生有机酸，因此有时在堆肥中加入少量的石灰石和草木灰，以调节酸度；吸收性强的物质，主要是加入一些粉碎的黏土、草炭、秸秆或锯末，用于吸附腐烂分解过程中产生的容易流失的氮素、钾素营养，保持其养分，形成高质量的有机肥。

堆沤肥是我国农村广泛应用的一种有机肥料，它是农民利用作物秸秆、落叶、杂草等有机物质，再混入一些畜禽粪尿、污水和泥土进行堆制而成的。堆沤肥具有原料广泛、养分齐全、质量好、肥效长等优点，同时具有显著增加农作物产量、改善土壤结构、提高土壤肥力的作用。

堆沤肥属热性肥料，其养分含量全，碳氮比大，肥效持久。根据堆沤制方法不同，又将其分为普通堆沤肥与高温堆沤肥两种。高温堆沤肥养分和有机质含量都高于普通堆沤肥。腐熟的堆沤肥颜色为黑褐色，汁液棕色或无色，有臭味，有机质易拉断和变形。

堆沤肥常作基肥，大量施用堆沤肥时，应在土壤耕翻前均匀撒开，并随着土壤耕翻入土，做到与土壤充分混合；用量少时，可采用沟施或者穴施，施后覆土。作物换茬相隔时间短的，最好施用腐熟堆沤肥；换茬相隔时间长的，如秋季翻耕、春季播种，宜施用半腐熟堆沤肥。

3）绿肥　不论栽培或野生的植物，凡是其绿色体的全部或部分被耕翻掩埋作为肥料的均称为绿肥。我国是利用绿肥最早和栽培面积最广的国家。20世纪80年代以后，绿肥栽培面积虽有萎缩，但目前随着人们对绿肥认识的深入，其栽培面积有所回升，并向多品种、多用途、注重经济效益方向发展。

绿肥在农业生产中的作用主要表现在：绿肥能提供作物生长所需的各种养分；绿肥作物通过其根系的穿插和犁地翻压后，能增加土壤中有机质含量，改善土壤的理化性状，提高土壤的保水保肥能力；绿肥作物大多具有较强的抗逆性，能在较差的环境中生长，起到改良不良土壤的先锋作用；绿肥是在农田中就地生产、就地翻压利用的肥料，具有投资少、见效快和省工的特点；绿肥也是家畜的优良饲料。

绿肥的种类很多，常根据其来源、利用方式、栽培季节以及植物学特性等的不同而分别加以区分。

4）饼肥　饼肥是油料作物籽实榨油后剩下的残渣，是一种养分全、含量高的优质肥料和饲料。我国饼肥种类较多，主要品种有大豆饼、油菜籽饼、芝麻饼、花生饼、棉籽饼、蓖麻饼、葵花籽饼、茶籽饼、桐籽饼、柏籽饼等。

饼肥中有机质含量丰富，并含有各种营养成分，其中以氮素含量最多，磷、钾次之。油饼里的氮素主要存在于蛋白质中，因此需要经过分解、转化形成铵态氮才能被作物吸收利用；油饼里的磷大部分为有机态，但较容易转化；油饼里的钾多为水溶性，易被作物吸收。

饼肥是很好的有机肥料，作基施和追施均可。其肥效快慢与土壤的情况和饼粕粉碎程度有密切关系。粉碎程度越高，腐烂分解和产生肥效的速度就越快。

饼肥属热性肥料，在发酵分解过程中产生高温，如果施用不当，会引起烧苗或影响种子发芽，因此饼肥要充分发酵后才能施用。发酵方法：将粉碎的饼肥加入畜禽粪尿，共同堆沤15~20天，使其充分腐熟。饼肥发酵堆的四周和表面要用湿泥严封，不要翻堆，防止铵态氮挥发损失。饼肥用作追肥时，应在需肥期前7~14天施用。饼肥施用量少，提供的有机质有限，同时这类有机质容易分解，且残留在土壤中的腐殖质很少，为了培肥地力，施用饼肥的同时应增施一定量的圈肥或堆沤肥。

5）沼渣　沼渣是沼气发酵后剩余的半固体物质，沼渣除了含有丰富的氮、磷、钾等大量元素外，还含有硼、铜、铁、锰、锌等微量元素，是一种非常好的有机肥。沼渣富含有机质、腐殖质、微量营养元素、多种氨基酸、酶类和有益微生物，是一种迟效、速效兼备的肥料。施用沼肥可使土壤质地疏松、保墒性能好、酸碱度适中，经过腐熟剂腐熟生产成肥料后，能起到很好地改良土壤的作用。

沼渣中仍含有较多的沼液，其固体物含量在 20% 以下，其中部分未分解的原料和新生的微生物菌体，施入农田会继续发酵，释放肥力。因此，沼渣在综合利用过程中，具有速效、迟效两种功能，可作基肥和追肥，既可减少化肥、农药的施用量，降低成本，又能有效地提高农作物的产量和品质。

2. 化学肥料的种类与特点

1）氮肥

（1）铵态氮肥　凡氮肥中氮素以铵（NH_4^+）或氨（NH_3）形态存在的均属此类，包括液氨、氨水、碳酸氢铵、硫酸铵、氯化铵等。其中可根据铵的结合稳定程度不同，又可分为挥发性氮肥和稳定性氮肥，前者有液氨、氨水和碳酸氢铵，后者有硫酸铵和氯化铵等。

（2）硝态氮肥　凡氮肥中氮素以硝酸根（NO_3^-）形态存在的均属此类，包括硝酸铵、硝酸钠、硝酸钙、硝酸铵钙、硫硝酸铵等。

2）磷肥　磷肥是指具有磷标明量，以提供植物磷素养分为主要功效的单质化学肥料。根据溶解度的不同，磷肥可分为 3 类：水溶性磷肥，如过磷酸钙；枸溶性磷肥，即溶于 2% 柠檬酸或柠檬酸铵的磷肥，如钙镁磷肥、沉淀磷肥；难溶性磷肥，只能溶于强酸，如磷矿粉、骨粉。

3）钾肥　钾肥是指具有钾标明量，以提供植物钾素养分为主要功效的单质化学肥料。钾肥种类主要有氯化钾、硫酸钾、钾镁肥、钾钙肥、窑灰钾肥和草木灰等。

4）微量元素肥　微量元素肥是指含有硼、锰、钼、锌、铜、铁等微量元素的化学肥料。常用的微量元素肥除化学肥料（如硼砂、硫酸锌、硫酸锰等）外，还有整合肥料、玻璃肥料、矿渣或下脚料等，通常作基肥和种肥。施用时要根据作物和微肥种类而定，土壤的供磷水平、有机质含量、土壤熟化程度以及土壤酸碱度等不同，施用方法不同，一般用量不宜过大。

作物对微量元素的需要量很少，而且从适量到过量的范围很窄，因此要防止微肥用量过大。土壤施用时还必须施得均匀，浓度要保证适宜，否则会引起植物中毒，污染土壤与环境，甚至进入食物链，有碍人畜健康。微量元素的缺乏，往往不是因为土壤中微量元素含量低，而是其有效性低。通过调节土壤条件，如土壤酸碱度、氧化还原性、土壤质地、有机质含量、土壤含水量等，可以有效地改善土壤的微量元素营养条件。微量元素和氮、磷、钾等营养元素都是同等重要、不可代替的，在满足了植物对大量元素需要的前提下，只有施用微量元素肥料才能充分发挥肥效，才能表现出明显的增产效果。

3. 微生物肥料的种类与特点　微生物肥料又称菌肥、菌剂、接种剂，是农业生产中使用的肥料制品中的一种，微生物肥料与化学肥料、有机肥料、绿肥的性质不同，它是利用微生物的生命活动使农作物得到特定的肥料效应，从而促进其生长发育和产量增加的一类肥料。随着在现代农业中大力倡导绿色农业（无公害农业）和生态农业，微生物肥料将会在农业生产中扮演越来越重要的角色。

微生物肥料按功效可分为两类：一类是利用其中所含微生物的生命活动，增加植物营养元素的供应量，包括土壤和生产环境中植物营养元素的供应总量和植物营养元素的供应量，从而改善植物的营养状况，增加产量，这一类微生物肥料的代表品种是根瘤菌肥。另一类是通过其中所含的微生物的生命活动，不仅提高植物的营养元素供应水平，而且还通过它们所产生的植物生长刺激素对植物产生刺激作用，促进植物对营养的吸收作用，或者是拮抗某些病原微生物的致病作用，从而减少作物发生病虫害，提高其产量。

4. 缓释肥料　缓释肥料又称控释肥料，指所含的氮、磷、钾养分能在一段时间内缓慢释放并供植物持续吸收利用的肥料。缓释肥料越来越引起人们的重视。当前，世界各国都在相继开发缓释肥料新品种和制肥新工艺，以求降低肥料价格，达到肥料中养分的释放速率与土壤供肥和作物需求同步。缓释肥料有以下优点。

1）使用安全　由于它能延缓养分向根域的释出速率，即使一次施肥量超过根系的吸收能力，也能避免高浓度盐分对作物根系的危害。

2）省工省力　肥料通过一次性施用能满足作物整个生育时期对养分的需要，不仅节约劳力，而且降低成本。

3）提高养分利用效率　缓释肥料能减少养分与土壤间的相互接触，从而减少因土壤的生物、化学和物理作用对养分的固定或分解，提高肥料效率。

4）保护环境　缓释肥料可使养分的淋溶和挥发降低到最低程度，有利于环境保护。

5. 叶面肥　喷施于植物叶片而使其吸收利用的肥料。作物吸收养分主要通过根系来完成，但叶片同样具有吸收功能，由于土壤对养分的固定，加上根系在生长后期的吸收功能衰退，为了保持作物在整个生育期的养分平衡吸收，叶面施肥作为一种强化作物营养的手段逐渐在农业生产中广泛应用。

1）叶面肥的种类　叶面肥种类较多，可分为以下3类：

（1）从营养成分含量来分　有大量元素（氮、磷、钾）的，也有微量元素的（以微肥为主）。

（2）从产品剂型来分　有固体的、液体的，也有特殊工艺制成膏状的。

（3）从产品构成来分　具有复合化的特征，一般将氮、磷、钾、微肥与氨基酸、腐殖酸或有机络合剂复合形成多元复合的叶面肥。

2）适于叶面喷施的化肥　应符合的条件包括能溶于水、没有挥发性、不含氯离子及有害成分。适于叶面喷施的化肥有尿素、硫酸铵、硝酸铵、硫酸钾、各种水溶性微肥、过磷酸钙、磷酸二氢钾和硝酸钾等。虽然过磷酸钙不能全部溶解于水，但其主要成分是磷酸一钙，能溶于水，一般先配成浓度大的母液，静置后待不溶的物质沉淀下来，取上部清液，稀释后即可用于叶面喷施。

3）叶面肥喷施的溶液浓度　因肥料品种和作物种类而异。通常大量元素肥料的喷施浓度为1%～2%，微量元素肥料的喷施浓度为0.01%～0.1%。

（二）甜瓜对主要营养元素的吸收特点

在氮、磷、钾肥料三元素中，甜瓜吸收钾元素最多，氮次之，磷最少。据最新试验结果表明：每生产1 000千克的甜瓜需吸收氮2.5～3.5千克、磷1.3～1.7千克、钾4.4～6.8千克、钙5.0千克、镁1.1千克、硅1.5千克。甜瓜在不同生长阶段对氮、磷、钾等营养元素吸收的数量和比例有很大差异：幼苗期对营养元素吸收最少；开花后对各种营养元素吸收逐渐增多；坐果后到果实膨大结束是甜瓜吸收营养元素最多的时期，也是肥料施用的最大效率期。

（三）甜瓜施肥存在的问题

1.过量施用化肥　在设施栽培中，甜瓜生长周期短，产出量大，肥料施用量和灌水量都较多，且甜瓜具有喜肥水的特点，瓜农在高产出、高收益的情况下，普遍存在着过量施肥现象，特别是化学肥料。

2.盲目选择肥料品种　目前，市场上的肥料种类繁多，如何选择合适的肥料品种，大部分瓜农凭老经验，即往年施用这种肥料效果好，以后每年都施用；有的跟风，看别人施什么自己就施什么；有的轻信广告、媒体的宣传，不考虑土壤条件及甜瓜需肥特性，久而久之造成设施内土壤养分比例失调。

3. 施肥方法不当　在施肥方法上普遍存在着重化肥，轻有机肥；重大量元素，轻微量元素；重土壤施肥，轻外施肥；重氮肥，轻磷肥、钾肥。在施肥结构上存在着不合理现象：氮、磷、钾比例严重失调，中微量元素施用量少，导致土壤养分不均衡，缺素症时有发生，如施氮肥过量会造成植株缺钙，钾肥过量会影响钙、镁、硼的吸收，磷肥过量会降低锌、硼的有效性。施肥浅或土表施肥肥料易挥发、流失或难达到植物根部，不利于甜瓜的吸收，造成肥料利用率低，流失严重。

（四）甜瓜施肥的原则

在施肥过程中，应根据甜瓜生长特点及对营养元素吸收特点，来确定施肥的种类、时期、数量等，应掌握以下原则。

1. 注重有机肥施用　有机肥能有效地疏松土壤，促进根系生长，提高根系的吸收能力，而有机肥作为基肥可供甜瓜整个生育期吸收利用，对于维持甜瓜的生长势、提高甜瓜的抗病性有利。可以改善土壤生态环境，增加土壤微生物种群，调节土壤结构效果明显。因此，在甜瓜生产过程中，提倡增施有机肥作基肥，配合磷肥、钾肥的施用。实践证明，钾肥无论单独施用或混合施用，均可提高甜瓜果实含糖量，明显改善甜瓜的品质，并提高植株的抗病性，进而提高甜瓜的产量。

2. 注重三要素的合理施用　氮、磷、钾三要素以适宜的比例配合施用可以显著提高甜瓜果实的产量及品质。根据这个原理，应结合土壤肥力状况及甜瓜对养分的吸收特点，合理施用氮、磷、钾及微量元素。为使甜瓜植株生长发育良好，高产优质，根据甜瓜目标产量及土壤肥料状况，一般单株施肥量为氮 12 克、磷 16～18 克、钾 16 克。考虑到肥料的流失及甜瓜实际对肥料的利用率，每株施肥量大约是氮 12 克、磷 25 克、钾 20 克。每块甜瓜大棚的土壤肥力状况差异很大，到底应该施多少肥料，必须根据土壤的测定结果来进行合理的施肥，尽量做到测土配方施肥。

3. 基肥与追肥相结合　甜瓜的施肥一定要采用基肥与追肥相结合的方式进行。基肥和追肥的比例因栽培季节和生育期的长短而异，生育期温度高且生育期短的基肥与追肥比例以 7：3 为宜；生育期温度低且生育期长的应以 6：4 为宜。在播种或定植时施足基肥，在生长期间及时追肥。为满足甜瓜对各种元素的需要，肥主要施用含氮、磷、钾丰富的有机肥，如动物粪便、圈肥、饼肥等。追肥尽量追施含氮磷钾复合肥及微量元素的肥料。不能单纯施用尿素、硝酸铵等化肥。在果实膨大后不能再施用速效氮肥，以防降低甜瓜的含糖量。由于甜瓜是忌氯作物，甜瓜施肥不宜施用氯化铵、氯化钾等含氯的肥料。同时尽量不要施用含氯的农药，避免对甜瓜植株造成伤害。

4. 注重叶面肥的合理施用　叶面喷肥是对植株进行营养补充和平衡养分的必要手段，具有成本低、施肥均匀、肥效快、养分利用率高等特点。一般在植株整个生长期防病的同时喷施叶面肥，常用的有磷酸二氢钾及含有微量元素的硼、锌、铁等叶面肥。

八、甜瓜设施标准化栽培技术

（一）厚皮甜瓜大棚早春茬标准化高效栽培技术

厚皮甜瓜大棚早春茬栽培一般是指在1月上中旬播种育苗、5月下旬至6月中旬收获的一茬厚皮甜瓜，是厚皮甜瓜栽培中的重要茬口，是厚皮甜瓜大棚栽培最易管理的茬口，也是厚皮甜瓜一年中收益比较稳定的茬口。该茬口可以充分利用大棚的保温作用，提前育苗，提早定植，促进甜瓜早上市，获得最好种植效益。

1. 品种选择 厚皮甜瓜大棚早春茬栽培，应选用早熟或中早熟的甜瓜品种，同时应具有耐低温弱光，优质、抗逆、高产及市场接受程度高。目前应用较多的品种有玉菇、将军玉、金香玉、西州蜜25、众云25、耀珑25、兰蜜28、玫瑰、富农168、翠绿、鲁厚甜1号、瑞红、钱隆蜜、蜜玉、脆梨、早生皇子等。在选择品种时，一定要充分考虑到销售市场地区的消费习惯，根据市场的需要来确定所选择品种的外观、果肉颜色及肉质质地等。

2. 培育壮苗 在河南各地大棚早春栽培厚皮甜瓜，一般播种育苗的适宜时间最早是12月上中旬，最晚是2月中下旬。整个育苗时间正处于河南省低温季节，前期的育苗一般要求采取加温育苗措施，常用有电热线加温、火道加温、热风炉加温等措施。

厚皮甜瓜壮苗的标准是：苗龄40天左右，茎秆粗壮，下胚轴直径0.3毫米以上，节间短，株高低于15厘米，叶色浓绿或深绿，有光泽，叶片完好，有3~4片真叶。根系发达，根毛多且完整，白色。无病虫害。

由于这茬甜瓜育苗对育苗设施要求高，技术管理难度大，大部分地区通过育苗工厂购进甜瓜苗。为防治种苗传播病虫害，要做好种苗的检疫工作。

3. 定植前准备

1）土壤选择 甜瓜对土质的要求不甚严格，但为实现优质、高产、高效的目的，最好选择土壤通气性好、土质疏松、肥沃、土层厚的砂壤土。为防止有病菌的土壤使甜瓜染病，尽量选择5年内未种过瓜类的土壤。

2）整地、重施有机肥 设施栽培的甜瓜一般种植密度很大，且甜瓜的根系又有好气性，要求土壤有很好的通气性，因此，要求种植甜瓜的土壤精细整地。一般在冬前用深耕犁进行深翻30厘米，进行冻垡，注意不要用旋耕耙进行旋耕，不要把土团打碎，把地整平，这样经过冬季低温雨雪冻垡，土壤就可以风化，能杀死部分害虫，且可以使土壤疏松。若是设施内前茬种植的是越冬菜，在定植前20天左右应清理完毕，并进行深耕和大通风，来降低大棚内土壤水分，并风化土壤使之疏松。

早春茬大棚栽培厚皮甜瓜施肥量，中等肥力的地块，一般每亩施腐熟的优质农家肥5 000千克，生物菌肥1 000千克，充分腐熟的饼肥100千克，三元素复合肥30千克（甜瓜属于忌氯作物，钾肥不可选用氯化钾），普施与垄施相结合。犁地前将2/3的化肥进行撒施，翻入土中混合，整平后再根据甜瓜种植行进行开沟，把剩余的1/3化肥和全部的饼肥集中施肥和起垄。在整地时，尽量将前茬作物根系拣出大棚。多层覆盖的设施，定植前应提前扣膜，尽量提高大棚内的温度。

对前茬作物是瓜类的大棚，为克服甜瓜的连作障碍，做垄时垄施50%多菌灵可湿性粉剂2千克，进行土壤消毒，防止土传病害的发生。

早春茬大棚厚皮甜瓜一般采取高垄栽培。起垄的方向应根据设施类型来定，若用日光温室栽培，起垄均采用南北向，大棚的起垄方向一般与大棚的纵向平行。

3）确定栽培密度 具体栽培密度需根据品种、整枝方式等而定。对于小果型早熟品种（单果重在1.5千克以下），每亩可种植2 000～2 400株；而大果型品种（单果重在1.5千克以上）每亩种植1 600～2 000株。

4）起垄、铺滴灌带 8米跨度的大棚，一般起四垄，垄底1米，垄面宽0.8米，垄高25～30厘米，棚两侧的垄距棚底部边缘0.8米，中间2垄垄距1米，其余的垄间距为0.7米，保证垄面平整，没有大土壤颗粒。每垄铺两根滴灌带，间距0.4米，分别距离垄边缘0.2米，然后试水，覆银黑色地膜。

4. 定植

1）定植期 厚皮甜瓜要在10厘米地温稳定在12～13℃，日最低气温不低于10℃时定植。若温度达不到要求，则要增加覆盖物或推迟定植时间。准备推迟定植的瓜苗，育苗的苗床内要控制较低的温度，防止苗龄过长而徒长。河南省的日光温室可以在 1 月中下旬定植，塑料大棚（多层覆盖）可在 2 月下旬至 3 月下旬定植。大棚定植厚皮甜瓜，一般需在棚内盖地膜，可根据需要加扣小拱棚或二道膜。定植时间应选择在连续阴天后天气放晴或寒流刚过后的晴暖、无风天气的上午进行，9～15 时定植最好。

2）定植方法　定植前每亩大棚用百菌清 400 克（防病）和异丙威（防虫）400 克进行熏蒸消毒处理，熏蒸后通风 1～2 天。然后根据品种特性事先确定好的种植密度，用打钵器进行打孔。在做好的垄背上打孔，一垄双行进行三角打孔，打孔后要及时把打烂的地膜从定植孔中取出，为防治地下害虫的危害，每亩穴施辛硫磷颗粒剂 2 千克。定植孔的大小应与瓜苗的营养块大小相适应，不宜过小。定植时，应小心地从穴盘中把瓜苗取出，放入定植穴内，使土坨表面与畦面平齐或稍微露出畦面，先用土把瓜苗四周填满，使瓜苗土团与周边的土壤连接，沿土坨四周用手将填入的土轻轻压实，但不要挤压土坨，使幼苗直立。在全棚瓜苗栽完后，随即浇一次小水，以把瓜苗四周土湿透为准。

早春大棚甜瓜定植时应当注意以下问题：一是甜瓜瓜苗不宜栽植过深，栽苗埋土后露出子叶 3 厘米为好，埋得过深地温低，不利幼苗生长，且易发生茎基腐病，但也不宜栽植过浅，否则土坨露出地面过多，浇水不便，且易伤根坏苗；二是栽苗时应在大棚室内适当位置多栽一些瓜苗，便于以后补苗；三是应避免大水漫灌，以免降低地温，形成僵苗。

瓜苗栽完后，应及时整理畦面，在畦面加扣小拱棚。由于大棚内无风，所以小拱棚架材料要求不甚严格，小拱棚上覆盖薄膜，薄膜可以是新的也可以是旧的，主要为夜间保温。薄膜不需要压得很牢固，以便于白天揭、盖。近年来，大棚多层覆盖除扣小拱棚覆盖外，还在大棚上部加盖 1～3 层天幕，这样可进一步提高保温效果。瓜苗定植完成后，应及时封严大棚室薄膜，以提高棚室内温度。为了使定植当日尽快提高地温，最好在 15 时前定植完毕。

3）缓苗期管理　大棚定植后及时加盖小拱棚，做好夜间保温。定植后一般 3～5 天，在确保每株瓜苗四周湿润的情况下，尽量提高大棚内的温度，即便棚内温度达到 35℃ 也不放风，同时也尽量提高土壤温度，应使地温保持在 15～18 ℃，以利于尽快缓苗。缓苗期如果遇到强寒流天气，应在棚室内的小拱棚上增加覆盖，使地温不低于 13℃，也可以利用大棚加温块进行夜间短时加温。缓苗期间，因伤根太重或其他原因造成死苗的，应及时补苗。缓苗结束后瓜苗开始生长，可进行一次灌水，水量以把定植垄浇透为准。

5. 定植后的管理

1）大棚内环境条件调控　主要有温度管理、湿度管理、光照管理、通风换气管理等。

（1）温度管理　为调节大棚内的温度，缓苗后可根据天气情况进行温度调节。一般白天气温不超过32℃，夜间气温不低于15℃，随着天气转暖逐渐加大通风量及通风时间，以促进甜瓜的扎根伸蔓，健壮生长。一般在3月中旬前，由于外界环境温度较低，管理要以保温为主，及时揭盖大棚内小拱棚薄膜，通小风，少通风，短通风。气温超过32℃以后，适当进行通风，保持白天气温25～28℃。为改善光照条件，在白天9～15时，可将棚室内的小拱棚揭开，让瓜苗多见光。

（2）通风换气管理　一般3月下旬以后，外界气温逐渐升高。大棚内的甜瓜进入伸蔓期及开花授粉和坐瓜期，白天气温控制在28～32℃，夜间气温控制在15～18℃，保持棚内的二道膜，引蔓上架或吊秧。进入5月以后，棚室外气温超过18℃后，应加大通风量及通风时间，两侧通风口可同时打开，并在夜间通风，保持白天气气温不超过32℃，夜间气温不超过18℃，因为夜间温度高容易导致果实品质下降。为使棚室充分降温，应进行大通风。

（3）湿度管理　大棚内空气湿度高，采用地膜覆盖可明显降低空气湿度。一般在甜瓜生长前期棚室内的空气湿度较低，吊秧栽培在茎叶满架或爬地栽培时茎叶封垄后，由于蒸腾量大，灌水量也增加，使大棚室空气湿度增高，白天空气相对湿度达到60%～70%，夜间达80%～90%。为降低大棚室空气湿度，减少病害的发生，晴暖天气下午可适当晚关闭风口，加大空气流通，还可以采取行间铺草来降低地面蒸发。若遇到阴雨天，可不开通风口，防止水汽进入大棚内而增加湿度。大棚种植甜瓜，应尽量减少浇水次数。浇水后及时通风排湿。

（4）光照管理　与其他瓜类蔬菜相比，厚皮甜瓜要求较强的光照强度，而由于棚室覆盖薄膜后薄膜的折射和薄膜被污染，透入棚室内的光照强度降低，在多层薄膜覆盖的条件下更为突出，应注意保持棚膜的洁净，大棚的薄膜在使用几个生长季后要及时更换。早春种植甜瓜尽量使用新的大棚薄膜，同时对多层覆盖栽培甜瓜的，应在白天及时揭开薄膜，尽量使瓜苗多见光。随着甜瓜植株的生长量加快，田间枝叶量快速增加，吊蔓栽培时行间逐渐趋于郁闭，因此要严格整枝，及时整枝和打杈。

保持充足的光照促进叶片的正常光合作用对甜瓜的产量及品质相当重要。

2）肥水管理

（1）追肥　在施足基肥的基础上，早春大棚甜瓜整个生育期内一般进行2~3次追肥。追肥时间、施肥量及施肥次数应根据甜瓜品种类型和土壤肥力状况而定。对中晚熟品种，一般在果实坐住后，追3次肥。生长期短的品种和肥力条件较好的土壤，在果实坐住后追2次肥即可。植株伸蔓期，即吊蔓或爬蔓时，一般情况下不追肥，如果基肥较差，可少量追1次肥，以速效氮肥主，适当配合磷肥、钾肥，尽量使用水溶肥进行滴灌。

授粉后5~7天，幼瓜长至鸡蛋大小时，果实开始迅速膨大，植株需肥量逐渐达到全生长期最高峰，此时应重施肥，促进果实膨大，同时要防止早衰。追肥以钾肥、氮肥为主，少施或不施磷肥。可每亩追施高钾水溶肥10千克，然后在坐瓜后15天冲施第二次高钾水溶肥5~7千克，根据实际情况不施或施第三次肥。果实膨大期间，为防止茎叶早衰，保持叶片光合功能，可用0.2%~0.3%磷酸二氢钾，或锌、钙、镁、硼等土壤易缺乏的营养元素，叶面喷施2~3次。

（2）浇水　在水分管理上，缓苗后至开花授粉前，外界温度较低，瓜苗需水量少，地面蒸发量也小，同时为了促进根系下扎，一般控制浇水。如果这期间浇水过多会影响地温的提高和瓜苗的生长，造成瓜苗生长弱，易感病，因此前期浇水量不宜过大，并结合通风管理等措施，防止茎叶徒长。如果土壤过于缺水，可在晴天的早晨浇小水。开花坐瓜期一般不浇水，以防瓜苗徒长而影响坐瓜。膨瓜期外界温度高，植株生长量大，需水量也增大，同时田间蒸腾量增加，这时要求土壤有充足水分，应结合施膨瓜肥浇足底水，以保证植株生长和果实膨大对水分的需求。浇过第一次膨瓜水后，根据天气情况，可隔7~10天可再浇第二次膨瓜水。网纹甜瓜品种一般在开花后18~23天，进入果实硬化期，果面开始出现裂口形成网纹。如果在网纹形成初期水分供应过多，或土壤水分变化剧烈，就容易发生较粗糙的裂纹，造成布网不均匀，部分出现大裂口甚至出现裂瓜现象。故在网纹形成前7天左右，应均匀供应水分，保持土壤湿润，严禁大水灌溉。待网纹逐渐形成后，再逐步增加水分供应，保持土壤水分均衡供应。果实近成熟时（一般采收前7天），要停止浇水，保持适当干燥，促进果实转熟并利于提高品质。如果水分多，会使植株继续生长，造成养分向果实中的运输量减少，延长果实成熟时间，降低果实糖分积累，果实的储运性也较差，还易造成裂果，甚至烂果。

甜瓜许多病害（如根腐病、茎基腐、枯萎病、疫病等）的病原菌都很容易从地表侵入植株体，而田间土壤积水为病原菌的侵入提供了便利条件。为防止病害的发生，浇水时间一定要选择晴天浇水，且每次浇水前要喷药防病，浇水后应加大棚室通风量，排出湿气，降低湿度，防止病害的发生。

3）整枝、吊蔓、支架和绑蔓

（1）整枝　甜瓜茎蔓的分枝性很强，在主蔓上可以长出子蔓，子蔓上又可长出孙蔓，依此可以连续不断地分枝。如果放任生长，就会造成瓜茎生长过旺，甜瓜产量和品质下降。大多数厚皮甜瓜品种的结实花着生在子蔓或孙蔓的叶腋处，而不是着生于主蔓的叶腋处，只有在早春低温条件下，极少数的品种才会在主蔓的叶腋处着生结实花。

大棚的空间相对封闭且空间较小，吊蔓栽培密度种植较大。为充分利用空间，获得理想的单瓜重量和品质，大棚内栽培的厚皮甜瓜应该严格整枝。

整枝管理包括对主蔓、子蔓摘心，摘除多余侧蔓、合理留蔓、留叶、去卷须等。甜瓜大棚栽培一般采用单蔓整枝和双蔓整枝的方式，单蔓整枝有利于甜瓜早熟，生产上较为常用。

在茎蔓迅速生长期，茎蔓一天内的生长量可达 9 ～ 14 厘米，其中，白天的生长量占总生长量的 60% ～ 70%。生长最快时，白天生长 10 厘米，夜间生长 5 厘米，因此，要及时整枝，坐瓜后及时摘心，促进坐瓜和果实生长。

整枝要在晴天 10 时后进行，阴雨天或早上整枝由于棚室内空气湿度大，茎蔓伤口不易愈合，易感染发病。另外，早上茎蔓较脆，易折断，整枝时易使其他茎蔓受到损伤。整枝最好用剪刀，并且准备一块浸有 75% 百菌清 200 倍液药巾，剪完一株擦一次剪刀，以防甜瓜交叉感染。整枝时剪下的茎叶应随时带出大棚。

整枝要保证果实膨大期和成熟期有较多的功能叶。叶片是制造营养的器官，甜瓜叶片在 30 日龄左右时制造的营养物质最多，供给植株其他部分的营养物质也最多，这时的叶片为功能叶。果实膨大时，功能叶越多，则供给果实的养分越多。

侧蔓摘心不可过早。植株根系的生长依赖于叶片营养的供给，适当晚去侧枝，可促进根系发育。生产上可在侧枝长到 14 ～ 15 厘米时摘心。

整枝应掌握前紧后松的原则。前期（尤其坐住瓜以前）要及时抹去不必要的侧枝，防止营养生长过旺而影响坐瓜。进入果实膨大后期，可酌情疏蔓，侧蔓的去留以不遮光为准。

（2）吊蔓　一般在蔓长 30~40 厘米时进行吊蔓。日光温室厚皮甜瓜吊蔓时，可在后立柱上距地面 2~2.2 米处东西向固定一根 10 号铁丝，在前立柱近顶端东西向也固定一根 10 号铁丝，再按栽培行方向（南北向）每行固定一根 16~18 号铁丝，两端分别系在前、后立柱的铁丝上。用尼龙绳或塑料绳作吊绳，吊绳下端可以系住植株底部，上端系在上部顺行的铁丝上。

大拱棚吊蔓时，固定铁丝、尼龙绳等的方法可参考日光温室的固定方法。一般蔓长 30~40 厘米时就应吊蔓。

（3）支架　因为竹竿与尼龙绳等相比有不易摆动、容易吊瓜，并可防止落瓜等优点，所以棚室甜瓜栽培中可用竹竿作支架。一般选用拇指粗的竹竿，长度根据棚室的高度，一般为 2.2~2.5 米。在甜瓜甩蔓前进行插架，架式可选用立架。在植株基部距离 10 厘米左右，顺瓜行方向，每植株插一竹竿，要求插牢、插直立，使每一行立竿成一直线。在立竿上距地面 30 厘米左右处及在距竹竿顶端 20 厘米处各水平横向固定一根竹竿，或将竹竿顶端固定到沿定植行拉的铁丝上，则竹竿顶端就不必再横向绑竹竿。

如果不用行间铁丝固定，则在与瓜行垂直方向上，再用竹竿作拉杆，把各排立竿连成一体，拉杆固定在靠立竿顶端的一道横竿上，并可将各排立竿的横竿牢系在棚室骨架上，这样可防止甜瓜果实长成后造成竹竿倾斜或倒塌。

（4）绑蔓　甜瓜茎蔓藤性，不能直立。吊蔓或支架后，须将茎蔓绑到吊绳或支架上。吊蔓栽培的，将瓜蔓和吊绳对缠，并随着植株生长，适时将茎蔓缠好。支架栽培的蔓长达到 30~40 厘米时，将瓜蔓引向立竿，用"8"字形绳扣将茎蔓绑到立竿上。绑完第一道蔓后，随着瓜蔓的生长，呈小弯曲形向上引蔓、绑蔓，同时注意使各蔓的弯曲方向一致，上下两道绑蔓间隔 30 厘米左右，直绑到架顶。绑蔓和整枝工作可结合进行。绑蔓时注意不可将嫩茎、叶片、雌花、果实等折断，并注意理蔓，使叶片、瓜等在空间上能合理分布。

4）促进坐瓜、留瓜、吊瓜

（1）促进坐瓜　生产上促进坐瓜的方法主要有人工授粉、生长调节剂处理、蜜蜂授粉等，下面主要介绍人工授粉和生长调节剂处理的方法。

①人工授粉：甜瓜植株上，雄花先开，雌花（实际上是完全花或结实花）后开。甜瓜开花的气温为 18℃ 以上，适宜开花的气温为 20~21℃，开花后 2 小时内柱头、花粉的生活力最强，授粉坐果率最高。当开花时夜温低于 15℃ 或遇连阴雨天时，则

会影响授粉、受精，严重时会造成落花、落果。人工授粉一般在 8 ~ 10 时进行，阴天可推迟。在预留节位的雌花开放时，取当日开放的雄花，去掉花瓣，向雌花柱头上轻轻涂抹，一朵雄花可授 3 ~ 4 朵雌花。授粉后的雌花，最好挂牌标明授粉日期，以便确定适宜的成熟期。

②生长调节剂处理：甜瓜在开花期遇低温阴雨天气时，授粉受精不良，不易坐瓜。根据有关研究，使用坐瓜灵、吲哚乙酸、吲哚丁酸、苄基腺嘌呤等生长调节剂均可提高坐瓜率。目前，最常用的是坐瓜灵处理。坐瓜灵处理可在雌花开放当天或开花前 1 ~ 2 天进行，处理时间较长，处理后 5 小时之内若没有雨水冲刷，坐瓜率可达到 98% 以上。坐瓜灵使用浓度为 200 ~ 400 倍液。

使用方法有两种：一种方法是喷洒法，在当天开花的雌花或开花前 1 天的雌花上，将坐瓜灵可湿性粉剂稀释好，用微型喷壶对着瓜胎逐个充分均匀喷施；另一种方法是涂抹法，用毛笔浸蘸坐瓜灵药液均匀涂抹瓜柄。

使用坐瓜灵一定要注意：一是使用时应随用随配，不可久置；二是喷药、涂药一定要均匀，以免出现歪瓜，且不可重复过量喷施；三是用后要加强水管理。

（2）留瓜　及时合理地进行选瓜、留瓜是厚皮甜瓜栽培的一项重要措施。选瓜、留瓜关键是确定合理的留瓜节位、留瓜数量和留瓜方法。

①留瓜节位：留瓜节位的高低，直接影响果实的大小、产量的高低及成熟的早晚等。如果坐瓜节位低，则植株下部叶片少，果实发育前期养分供应不足，使果实纵向生长受到限制，而发育后期果实膨大较快，因此果实小而扁平。在营养体小时坐瓜，会发生坠秧现象，使植株生长中心过早向果实转变，茎叶生长受到限制，影响果实产量和品质。如果坐瓜节位过高，则瓜以下叶片数多、瓜以上叶片少，有利于果实初期的纵向生长，而后期横向生长则因营养不足而膨大不良，出现长形的果实。因此在茎蔓中部留瓜，果实发育最好。生产实践证明，棚室栽培厚皮甜瓜的适宜留瓜节位为第十至第十四节，坐瓜节位以上留 10 ~ 15 片叶。坐瓜节位以上留叶少时，果实早熟，但果实小。

②留瓜数量：留瓜数量应根据品种、整枝方式、栽培密度等条件而定；早熟品种可多留瓜；单蔓整枝少留瓜，双蔓整枝多留瓜；栽培密度大时少留瓜，栽培密度小时多留瓜。以伊丽莎白品种的试验证明：栽培密度大时少留瓜，栽培密度小时多留瓜；留瓜个数越多，叶果比越小，单瓜重越小，总产量越高。

生产上，小果型品种（单瓜重小于 0.75 千克）进行双蔓整枝时，一般每株留 2 ~ 3

个瓜，单蔓整枝每株留 2 个瓜。晚熟大果型品种（单瓜重大于 0.75 千克）单蔓整枝时，一般每株留 1 个瓜。留瓜数与果实产量、品质等关系密切。留瓜数增多时，一般产量可提高，但往往果实变小，含糖量下降，商品率降低，而且容易发生坠秧现象，造成植株早衰。冬春茬厚皮甜瓜栽培，适宜的生长时间较短，后期昼夜温差不足，影响果实含糖量和风味，故应使甜瓜尽早成熟，留瓜过多则会延长成熟期。实践证明，适当增加栽培密度，单株少留瓜是实现早熟、优质和高产的有效方法，不能片面追求高产而忽视果实的商品质量。瓜农在日光温室中栽培厚皮甜瓜，总结出了双层留瓜提高总产量的方法，即单蔓整枝时在子蔓第十至第十四节和第二十至二十二节各留一层瓜，每层留瓜 1~2 个；双蔓整枝，在每条子蔓的第十至第十四节选留 1 个瓜。

整枝方式及留瓜数量对产量的影响很大，以鲁厚甜 2 号进行的试验，单瓜重以双蔓单瓜处理最高，其次是单蔓单瓜，双蔓双瓜最低；产量上以双蔓双瓜产量最高，其次是双蔓单瓜，单蔓单瓜最低。

③留瓜方法：当幼瓜长到鸡蛋大小时进行留瓜。留瓜过晚，则会使植株消耗大量的养分；留瓜过早，则难以判断瓜是否坐住或幼瓜的优劣。应选留发育周正、颜色鲜亮、果形稍长、果柄粗壮的幼瓜，将畸形果、小果剔除。采用单蔓整枝留 2 个瓜时，一般选留主蔓上相近 2 个节位的瓜，而且位于主蔓左右两侧。双蔓整枝留 2 个瓜时，每条蔓上留 1 个瓜，所留的 2 个瓜最好在相同节位上，以防长成的果实一大一小。留瓜后将未被选中的瓜全部摘除。

（3）吊瓜　在幼瓜长到 0.5 千克以前，应当及时吊瓜。吊瓜的作用，一是防止果实长大后脱落；二是可使植株茎叶与果实在空间合理分布；三是防止甜瓜果实直接接触地面，造成瓜体污染或感病；四是使果面颜色均匀一致，提高商品质量。

吊瓜的方法是，用塑料网兜将瓜吊起，或用塑料绳直接拴在果柄近果实部位，将瓜吊起，将塑料网兜或塑料绳的上端系到棚室上部的铁丝上或竹竿支架的横杆上。吊瓜的高度与瓜的着生节位要保持相平或稍高一些，以免瓜大坠秧。吊瓜的方向、高度要尽量一致，以便于操作管理。

6. 收获　厚皮甜瓜的收获期比较严格，若采收过早，则果实含糖量低，香味差，有的甚至有苦味。若采收过晚，则果肉组织分解变绵软，品质、风味下降，甚至果肉发酵，风味变差，不耐储运。只有适时采收，才能保证商品瓜的质量。外运远销的商品瓜，应于正常成熟前 3~4 天采收，这时果实硬度高，耐储运，在运输中可达到完全成熟。要做到适时采收，首先要能判断果实是否成熟，判断成熟的常见标准如下。

1）计算雌花开放到成熟的天数　不同熟性的品种从开花到果实成熟所历经的天数不同。对每个雌花都标记上开花的日期，到接近成熟期时，计算一下每个瓜自开花至今的天数是否达到了成熟所需天数，若达到了所需天数，一般可接近成熟或达到成熟。早熟品种一般需要35～40天，中晚熟品种一般需要40～50天，个别特大果品种需要60天以上。温度高、光照足，可提早成熟3～4天；阴雨低温，会延迟成熟3～4天。

2）根据外观判断　如果实长到其应有的大小，果皮颜色充分变深（深色果实）或变浅（浅色果实），或充分褪绿转色（转色果实）；无网纹品种的果实表面光滑发亮，果柄附近茸毛脱落，在果柄的着生处形成有透明感的离层，果实蒂部有时会形成环状裂纹；网纹甜瓜果面上的网纹清晰、干燥、色深；瓜柄发黄或自行脱落（落蒂品种）；着瓜节的叶片叶肉部分呈失绿斑驳状，坐果节位的卷须干枯等。

3）根据手感判断　成熟果实脐部变软，用手指轻按脐部时会感到明显弹性；用手掂瓜，同样大小的瓜，手感轻的成熟度好，手感重的成熟度相对比较差。

4）根据香气判断　对有香气的品种，成熟瓜能够散发出很浓的芳香气味，不成熟的瓜不散发出香味，或香味很淡。

采收厚皮甜瓜宜于早上或傍晚进行。此时温度低，瓜耐储放，不易染病和发酵。采瓜时，多将果柄带秧叶剪成"T"形，以便后熟，防止果实失水和病菌侵入危害，可延长货架期。采摘时要轻拿轻放，避免磕碰挤压。对暂时不外运销售的瓜，应放置在遮阴、通风、干燥、温度较低的室内保存。对于外运远销的瓜，要随即包瓜装箱，装瓜的纸箱要开几个通气孔，装上干燥剂（如生石灰包），以降低箱内空气湿度。厚皮甜瓜的适宜储藏温度为4～5℃，空气相对湿度为70%～80%。

（二）早春小拱棚标准化栽培技术

小拱棚覆盖是以小型拱棚覆盖塑料薄膜为主的保护设施。小拱棚保温、防雨，为甜瓜生长创造了适宜的温光条件，易取得早熟、丰产效果。小拱棚与大拱棚、日光温室相比，一次性投资少，管理简便，每年可以轮作换地，避免连作障碍。小拱棚覆盖栽培是甜瓜早熟栽培的主要方式之一，在我国南北方普遍应用。

1. 选地、整地、施肥

1）选地　小拱棚覆盖栽培，以早熟为主要目标，因此，以选择背风向阳，地势高燥，排灌方便，土层深厚肥沃、疏松的砂壤土地块为好。同时，最好选用 3～5 年未种过甜瓜的地块。在水稻种植区，农民习惯在小拱棚甜瓜后茬种植水稻，实行瓜、稻轮作，一定程度上解决了重茬地病虫害严重的问题。在连年实行小拱棚甜瓜栽培的地区，土地轮作换茬又比较困难，可采用嫁栽培方式。

2）整地　用作小拱棚栽培的地块，应当在冬前挖深 25～30 厘米行晒垡和加深熟化深层土壤。最好将瓜行内 16 厘米深的表土取出放在两边，再向下深挖 13～16 厘米，将土翻在沟内，使其在冬季晒垡，加厚活土层。为节省劳力，在大面积种植的情况下，也可用机械冬前深耕 25～30 厘米，春季再整地做高畦。高畦龟背形，宽度根据栽植方式而定，畦高 25 厘米左右，畦面上定植 1 行或 2 行甜瓜。

3）施肥　基肥以腐熟的有机肥等迟效性肥料为主，配合适量的化肥，增施磷肥、钾肥，氮肥用量不要过多。一般每亩施优质圈肥（或土杂肥）3 000 千克以上，氮磷钾复合肥 40～50 千克、尿素 10 千克、硫酸钾 10 千克。为防止病害发生，整地时每亩用 50% 多菌灵可湿性粉剂 1.5～2 千克。

基肥施用方法主要有 3 种：第一种方法是沿甜瓜栽植行开深沟集中施肥。为防止由于施肥过于集中造成烧根，或在小拱棚内积聚有害气体伤苗，可将基肥总量的 3/4 施在 20 厘米以上的土层中，将其余 1/4 施在 20 厘米以下的深土层中。第二种方法是全面施肥，即将基肥全园撒施，并翻入土层中混匀。第三种方法是将一部分基肥（全部化肥和部分有机肥混合）全面撒施，耕翻入土中。平整地面后，再在甜瓜栽植行开沟（深 30～40 厘米），集中深施其余的有机肥。上述施肥方法中以第三种最好，应用也较普遍。整地、做畦时还要注意挖好配套沟系，以便雨后及时排水。

2. 培育壮苗　小拱棚的适宜播期要根据定植期和苗龄来决定。华北地区各地的定植期一般为当地终霜前 30 天左右。为保证培育出适宜的优质壮苗，最好采用温床育苗方式，并采用营养土块或专用育苗基质育苗。具体育苗技术参照本书"冬春季育苗技术"部分。

3. 定植

1）定植期　小拱棚覆盖栽培是以早熟为主要目的，因此，应育大苗（3～4 片叶）和早定植。当小拱棚内地温稳定在 15℃ 以上，即为安全定植期。在早春气温不稳定，经常出现寒流，应避开最后一次强寒流。小拱棚覆盖栽培一般可比露地适宜定植期提早 20 天左右。秧苗的苗龄为 30~40 天，过大则成为老化苗，定植后不易缓苗。

2）定植方式　为节省和充分利用保护设施，使植株蔓叶能在覆盖条件下均匀分布并方便管理，必须合理安排甜瓜植株的分布，生产上有单行栽植和双行栽植。

（1）单行栽植　即在拱棚内瓜畦中央顺畦向栽 1 行薄皮甜瓜。这种方式植株分布均匀，并且可以使瓜苗栽植后处于良好的温度和光照条件下有利于植株的生长，也便于理蔓整枝等管理作业。土壤耕翻施肥后整成高畦，高畦间距为 90 厘米左右，畦面宽 60 厘米，定植株距 33~35 厘米。

（2）双行栽植　即在同一小拱棚内畦面上栽 2 行甜瓜。土壤耕翻泡肥后整成高畦，一般高畦间距 180 厘米，畦面宽 80 厘米，每畦栽培 2 行，小行距 60 厘米，株距 33~35 厘米。两行间采用交错栽植。这种大小行分布的双行栽植，由于两行间距小，扣在同一个棚内，可以节省覆盖材料。

3）定植方法　为保证栽植后植株顺利成活，必须充分做好定植前的准备工作。一般要求在定植前 10 天完成整地、做畦和施基肥，定植前 3~5 天扣好地膜或小拱棚，以提高地温。预备移栽定植的瓜苗要在定植前 7 天进行秧苗锻炼；起苗前苗床灌水，以保持营养钵中土壤有适当的水分。定植日期应选在"冷尾暖头"晴暖天气，最好在定植后能有连续 3~5 天晴暖天气。

选择晴天上午栽苗。将瓜苗顺着畦向一侧摆好，之后揭开小拱棚的一侧栽苗。在畦内按株距挖穴，向穴内灌底水，待水渗下后将瓜苗小心栽入定植穴内（用塑料钵育苗的，应先将塑料钵轻轻脱下）。定植穴内底水量视墒情而定，以能保证栽苗后可很快湿透土坨并与瓜畦底墒相接为宜：若瓜畦底墒很好，且瓜苗土坨内水分也较适宜，则可减少底水用量；若瓜畦底墒不足，且瓜苗土坨过干，则应增加底水用量，必要时可在栽苗后再浇一次小水，然后封穴。瓜苗栽入定植穴后，应及时用从定植穴内挖出的土壤将土坨周围的缝隙填满，并用手从四周轻轻压实，但应注意勿挤压土坨，以防挤碎土坨伤根。定植深度以瓜苗土坨上面与瓜畦畦面相持平为宜，过深不易缓苗。选择适宜宽度的地膜，对准畦面拉紧后，在秧苗位置将地膜开成"T"形口，将瓜苗引到地膜外边，再将地膜铺好，封严。

定植工作宜在定植当天 14 时以前，天气尚暖时结束。定植时应随定植随扣棚，每栽完一畦扣一畦，并立即将四周压牢封严，固定好压膜绳。有草苫覆盖的，应定植、扣棚后，当天晚上即覆盖草苫保温。

为保证苗全苗旺，定植时应同时在田间栽一些补苗用的后备苗。定植后 7 天内进行查苗补苗工作，将田间缓苗不好或受损伤严重的瓜苗拔掉，补栽健壮的后备苗。

4. 定植后管理

1）温度、湿度控制　小拱棚栽培的瓜苗定植后，由于当时外界气温尚低，需要依靠拱棚覆盖来创造适宜甜瓜生长的温度环境。但因拱棚内空间小，在晴天中午棚内气温可达到 40～50℃，特别是在天气渐暖时，易造成高温危害；而遇到强寒流天气时，棚内温度又会很快大幅度降低，特别是大多数小拱棚夜间无草苫覆盖，容易出现寒害。因此，必须加强覆盖保温管理。

定植后 5 天内不通风，以提高地温和气温，促进甜瓜缓苗。缓苗期晴天中午的温度超过 35℃ 时要适当放风降温，以防烤苗。此后，随天气变暖，棚温渐高，开始逐渐通风，保持棚内温度最高不超过 32℃，最低气温不应低于 12℃。当棚温达到 28℃ 时通风，下午降至 25℃ 时关闭风口。初期通风可在拱棚两头揭开。开始可先从一头揭开换气，天暖后再两头同时通风。大风天，特别是外温尚低时，应只揭开背风一头。每日通风应掌握从小到大的原则，否则易"闪苗"。当两头通风仍不能降下温度时，东西向的拱棚可再在南边掀开底边膜放风降温，或在南面底边处挖 10 厘米 ×10 厘米的通风洞，每隔 2 米 1 个。随天气转暖，应逐渐加大通风量，放大和增加通风口，延长通风时间。但不要在天冷时从迎风侧开口放风，以防冷风吹入伤苗。前期一般采取白天晚放风，早停止。若遇强寒流天气，应用草苫或其他盖草等措施临时夜间保温防寒。当外界平均气温在 15℃ 时，白天可将拱棚两侧揭开通风，夜间再盖好。当外界平均气温达到 18℃ 时，可昼夜揭开通风。

2）肥水管理　保持拱棚内的空气湿度和土壤湿度，特别是在北方干旱地区和沙地条件下。除定植前灌足底水外，发现土壤过干时，应及时灌水，防止因土壤过干和高温而造成危害。在伸蔓期，追一次速效肥，如尿素、磷酸二铵等。果实坐住后，应适量追肥，每亩追施磷酸二铵 25 千克、硫酸钾 15 千克，或氮磷钾复合肥 15 千克。水分管理上，生长初期应保持适当水分；开花坐果期要减少浇水，以免生长过旺而化瓜；膨瓜期水分要充足；果实将近成熟时要控制水分，以免影响品质。当进入雨季，外界雨水较多时，要注意防止雨水滴入棚内或渗入棚内，使土壤湿度增大。

3）整枝留瓜　薄皮甜瓜多为子蔓及孙蔓结瓜品种。不同品种及不同地区对薄皮甜瓜的整枝方式差异很大，但多数采取双蔓整枝和多蔓整枝方法。

①双蔓整枝。瓜苗 4～5 片叶时摘心，促发子蔓，子蔓长出后，选留 2 条健壮子蔓，

子蔓长到 20~30 厘米长时,摘除基部 1~2 节上的孙蔓,以后无雌花的孙蔓也要摘除,有雌花的孙蔓在雌花前留 1~2 叶摘心,每条孙蔓留瓜 1 个,每株留瓜多个。子蔓在瓜成熟前摘心。

②多蔓整枝。一般在主蔓有 5~6 片真叶时摘心,子蔓长出后,每株可留健壮子蔓 3~4 条,每条子蔓 8~12 叶时第二次摘心,在子蔓 2~3 节处留孙蔓坐瓜,孙蔓花出现后留 3~4 叶摘心,每株留 4~6 个瓜。除掉其余的子蔓和孙蔓,以免消耗养分。

整枝工作应结合小拱棚通风时进行。因棚内空间小,容易因侧蔓发生而造成棚内蔓叶拥挤,影响生长,因而要及时整枝打杈。打杈应在下午进行,因上午瓜蔓含水多而脆,上午打杈容易损伤瓜蔓和叶片。打杈时应结合去掉卷须。整枝应掌握前紧后松的原则,坐果前要严格整枝、打杈、摘心等,坐果后可适当放松,让其自然生长,增加光合叶面积,以获得高产。

4）授粉　早上雌花开放后,从田间采摘雄花,去掉花瓣,露出花药,对准雌花的柱头轻轻涂抹,将花粉涂在雌花柱头上。为标明授粉日期,可在果柄上挂上写明授粉日期的小牌子。也可用秸秆、竹竿、枝条等物在顶端涂上不同颜色做标记,还可系不同颜色的布条或塑料绳做标记。每授粉一朵花,即做一标记,最好一天换一种颜色的标记。根据授粉后的天数或甜瓜果实发育所经受的积温数以及品种特性及时采收。授粉期如无雄花或阴天过多,也可用坐瓜灵蘸花或涂抹果柄。

5）垫瓜、翻瓜　瓜坐住后,可在瓜下垫草,以保持瓜面洁净,减少烂瓜。坐瓜后期进行翻瓜,一般选择晴天下午翻瓜,翻瓜时要轻拿轻放,成熟前共翻瓜 2~3 次。

6）病虫害防治　小拱棚栽培后期棚内温度高、湿度大、植株生长旺盛,加之通风不良,易诱发病害。全生育期覆盖、地膜覆盖、合理整枝打杈和加强肥水管理等都是控制病害的重要措施。

（三）大棚厚皮甜瓜秋延标准化高效栽培技术

厚皮甜瓜秋延迟栽培是指 7 月中下旬播种育苗,9 月下旬至 10 月上旬收获的一茬厚皮甜瓜。这茬厚皮甜瓜栽培难度较大,因为生长前期温度高且多雨,后期温度日趋降低,光照日渐减弱,而厚皮甜瓜的膨大、成熟期要求较高的温度和较强的光照。

1. 品种选择　棚室秋冬茬、秋延迟厚皮甜瓜栽培,由于育苗期及生长前期温度过高,蚜虫多,植株易感染病毒病。果实膨大后期,气温日渐下降,如果天气晴朗,白天温度仍能满足果实膨大的要求。但在阴天，特别是夜间，温度偏低，影响果实膨大。根据这种情况，要求品种一方面要具有较抗病毒病等病害的特点，另一方面在生长后期对偏低的温度和偏弱的光照有一定的适应性，也就是说，在较低温和较弱光下果实能正常膨大。同时还要求在果实基本成熟后有良好的耐储性。

2. 育苗或直播　秋延迟甜瓜生长期正处于由高温高湿向低温过渡的阶段，甜瓜结果生长的环境越来越差，因此，在适宜的时期播种是该茬甜瓜丰收的保证。在河南各地及周边地区，大棚单层覆盖秋延迟栽培一般从7月上旬到8月5日前播种育苗。

1）育苗　秋延迟甜瓜育苗正值夏季，温度高、降水多，病虫害发生严重是这一茬口的基本特点。因此，必须采取综合措施，在育苗过程中重点做好遮阴、降温、防雨、防虫、防徒长等工作。为防止雨涝，应在地势高燥、通风良好的地方建造育苗棚。

2）直播　秋延迟栽培最好采用直播方式进行，直播可减少因移栽造成的伤根，减轻病毒病的发生。直播苗因为没有移栽缓苗阶段，因此播种期可较育苗期晚4~5天。直播的甜瓜苗期也要注意遮阴、降温、防雨。直播时要求要将土壤整细，先挖穴，在穴内浇水，按照1-2-1-2的方式进行播种，穴内播发芽种子2粒。种子在穴内分散放置，以便于出苗后间苗或移栽。水渗下后，在种子上面覆土2厘米。

3. 定植前准备　秋延迟栽培，为保证定植后不出现雨水倒灌，大棚四周要做好排水设施，同时，大棚下部裙膜的高度要上提，一般要高出地面30~40厘米，用土封好。由于很多地方浇地用的是井水，温度一般为18℃，而秋季大棚内土壤温度达到40℃，温差大，易造成瓜根受损，易产生早衰现象，应采用二次供水的方式浇水，即在大棚旁边空地上用钩机挖一个大坑，铺上厚塑料膜，提前把井水抽到坑内，经过晾晒水温能达到30℃以上，然后再用该水进行浇灌。

1）高温闷棚　在前茬作物拉秧后，每亩施碳酸氢铵30千克，半腐熟的猪羊粪2~4米^3，过磷酸钙50千克，用旋耕机把地耙细整平，用水灌透，用地膜把大棚地表全覆盖，把大棚密闭15~20天，耕作层土壤温度能达到60℃以上，在定植或播种的前10天，把地膜打开晾晒，起垄种植。

2）施肥做垄　甜瓜秋延迟栽培由于与上茬作物收获间隔时间短，可能来不及重新整地，如果上茬作物种植的是甜瓜，可在原来的垄上进行直播或定植。如果时间宽裕，可重新整地，然后深翻，耙细，整平。结合整地每亩施用腐熟圈肥

4 000～5 000 千克、过磷酸钙 50 千克、硫酸钾复合肥 30 千克。基肥中的圈肥、鸡粪等一定要充分腐熟，否则容易烧苗。按小行距 80 厘米、大行距 100 厘米的不等行距做成马鞍形垄，垄底 80 厘米，垄面 60 厘米，垄高度为 25 厘米左右。

3）盖棚膜，安装隔离网　厚皮甜瓜在生长过程中怕雨淋，雨淋后不仅容易伤害茎叶，还极易发生病害，因此，秋延迟、秋冬茬栽培在定植前棚室要事先盖好棚膜。此时盖膜后棚室内的温度高，尤其是有后墙的日光温室温度更高，因此，与春季盖棚膜不同的是，盖膜后要将所有通风口打开，保持大通风，防止棚室内温度过高。日光温室扣膜后，可将棚前沿的一幅薄膜卷起，并打开顶部通风口；大拱棚扣膜后，可将大拱棚两侧裙膜卷起。因前期虫害较重，在通风口处应安装 40 目的尼龙纱网或防虫网，以防蚜虫、棉铃虫、美洲斑潜蝇等多种害虫的危害，同时可避免蚜虫等害虫传播病毒病。

4. 定植

1）定植期与定植方法　播种 15～20 天，秧苗有二叶一心时即可定植。秋延迟、秋冬茬厚皮甜瓜不宜定植过早，否则幼苗易遭受病虫危害，尤其是容易感染蚜虫等害虫传播的病毒病，使植株生长不良，难以坐果和取得高产；定植过晚，苗子大，移栽时伤根重，缓苗期长。

选择晴天下午或阴天定植。此时气温高，地面蒸发量大，因此，此期的甜瓜定植方法与早春茬不同，一般采取明水定植方法，即在高垄或高畦上，按 45～50 厘米深挖穴，将苗坨放入穴内，埋土封穴，然后在两垄间或高畦内浇水，浇透浇匀。这种方法浇水量大，适用于厚皮甜瓜初秋种植时采用。

2）定植密度　一般棚室秋延迟、秋冬茬栽培，厚皮甜瓜生长速度快，叶片大，定植密度应比早春栽培密度小，早熟品种每亩可种植 1 800～2 000 株，晚熟品种每亩种植 1 500～1 700 株为宜。

3）覆盖地膜　秋延迟及秋冬茬厚皮甜瓜覆盖地膜，其主要作用是减少水分蒸发，防止土壤板结，同时可以抑制杂草生长。地膜的种类较多，该茬覆盖地膜以银灰色地膜为好，这样既能保墒，又能驱蚜防病。

覆盖地膜的时机主要有两类。一类是先定植后盖膜，在栽植后先划锄 2～3 遍，然后再覆盖地膜，盖地膜时边铺膜边掏苗，掏苗时注意勿使幼苗受伤。另一类是先盖膜后定植。定植前 7～10 天，整平垄面或畦面，覆盖地膜。定植时用移植铲挖定植穴，或用钻孔器在定植位置上钻定植孔，然后栽苗。

5. 定植后的管理

1）温度、湿度管理和光照调节　在山东及北方地区，9月中旬前，通风口应开到最大，并昼夜开放，通过延长通风时间和增大通风量的方法，降低温度和空气湿度。到9月下旬天气转凉时，夜间应将所有棚膜盖好。10月上旬，随着外界气温逐渐降低，通风口应逐渐调小，保持白天气温27～30℃，夜间气温15℃。当夜间棚室气温低于15℃时，应考虑盖上草苫。大拱棚可在棚外底部围盖草苫。进入11月，天气转凉，时有寒流侵袭，应注意加强覆盖。夜间棚内气温不可低于13℃。

进入秋末冬初，光照逐渐减弱，应采取措施，改善棚室内的光照条件。经常清扫塑料薄膜表面的灰尘、碎草等。连阴天时，只要棚室内温度不很低，仍要揭开草苫，增加散射光。进入冬季低温期后，每天仍要坚持通风，为防止剧烈降温，可利用中午前后通风，不可连续多日密封棚室不通风，以促进棚室内与外界气体的交换，可以降低棚室内的空气湿度，减少有害气体危害，减少发病。

2）肥水管理　可在伸蔓期追施一次速效氮肥，可每亩施尿素105千克、磷酸二铵10～15千克，随即浇水。幼瓜呈鸡蛋大小时，进入膨瓜期，可每亩追施硫酸钾10千克、磷酸二铵10～20千克，随水冲施。除施用速效化肥外，也可在膨瓜期随水冲施腐熟的鸡粪、豆饼等，每亩施用250千克。果实坐住后可叶面喷施0.3％磷酸二氢钾。

定植缓苗后，根据土壤墒情，在伸蔓期(蔓长30厘米左右)、瓜坐住后及膨瓜期，各浇一次水。前期应适当控制水分，防止茎叶徒长。膨瓜期水分要充足，促进果实的膨大。果实将近成熟时要严格控制水分，以免影响品质。网纹甜瓜在网纹形成期不宜浇水，以防裂瓜和形成粗劣网纹。

3）整枝、授粉、留瓜　秋延迟和秋冬茬栽培厚皮甜瓜，植株伸蔓期生长快，极易徒长，及时授粉坐瓜才能控制植株营养生长过旺。一般采用单蔓整枝。小果型品种，每株留2个果，大果型品种每株留1个果。留瓜节位一般在第十至第十四节。开花期需进行人工授粉(或坐瓜灵处理)，授粉时间为8～10时。

6. 防治病虫害　秋延迟、秋冬茬栽培的甜瓜，容易遭受各种病虫危害。前期遇高温干旱极易感染病毒病，植株茎叶生长畸形，失去坐果能力；在高温、高湿情况下，则容易感染霜霉病等真菌性病害；多雨天气下容易感染炭疽病等病害，还容易发生红蜘蛛、蚜虫等虫害。对各种病虫害的防治，应以预防为主，加强管理。除适时整枝打杈，合理施肥、浇水外，一旦发现病虫害，应及时进行防治。具体防治方法参见"病虫害防治"部分。

7. 采收 秋延迟、秋冬茬栽培甜瓜，在棚室内温度、湿度、光照等条件尚不致使果实受寒害的前提下，可适当晚采收，以推迟上市时间，获得较好的经济效益。如果能延长至春节前上市，则效益更高。因为此时天气较冷，棚室气温不高，瓜的成熟速度较慢，成熟瓜在瓜秧上延迟数天收获，一般不会影响品质，但夜间气温低于5℃时易发生寒害或冻害，应考虑提前采收。

九、甜瓜病虫害诊断及防治技术

（一）甜瓜病虫害的综合防治

1.病虫害种类 目前国内发现病害 30 多种，虫害 10 多种，随着设施甜瓜栽培面积的快速增加，栽培模式及栽培茬口多样化，重茬、连作越来越普遍，病虫害的发生也越来越普遍化。部分种植户因病虫害发生造成损失达到 30% 以上，个别出现绝产。

2.病虫害防治原则 病虫害的防治，要自始至终贯彻"以防为主，综合防治"的植保方针，以生态调控、农业措施、生物防治等绿色防控技术措施为基础，科学选用环境友好型的农药进行必要的化学防控，严格按照农药使用标准进行用药。严禁使用高毒及高残留的化学农药。

3.病虫害防治方法 在甜瓜病虫害防治过程中，病虫害的防治方法主要有喷雾、烟熏、喷粉、熏蒸及种苗处理等方法。喷雾是在甜瓜整个生长期中最常用的方法，烟熏法是对喷雾法有益的补充，特别是在病虫害严重，设施内湿度大，阴雨天气多的情况下。土壤熏蒸法主要是在设施大棚休闲期利用灭生性的熏蒸剂对土壤进行消毒处理，以有效减少土传病害的根结线虫、病菌、害虫及杂草的数量。种苗处理可以有效地防治种传病虫害的传播。

4.病虫害发生特点 通过对河南省甜瓜病虫害的调研来看，甜瓜病虫害发生存在以下几个特点：

1）土传病虫害有逐年加重的趋势 甜瓜的根结线虫、根腐病、枯萎病较为普遍且严重，已成为甜瓜生产中的主要病虫害。近年来，由于集约化育苗的普及，种苗跨区域流动较为频繁，而育苗场又良莠不齐，对育苗基质、种子、穴盘、运输等环节消毒不严格，加快了病虫害的传播。

2）甜瓜细菌性病害呈上升趋势　以细菌性果斑病、细菌性溃疡病、细菌性软腐病、细菌性叶斑病、细菌性角斑病等病害发生普遍。针对细菌性病害，应从栽培上下功夫，同时做好预防。

3）非侵染性病害呈加重趋势　在甜瓜设施栽培中，一旦外界环境出现剧烈变化，造成不适宜甜瓜生长的环境，就会出现冷害、寒害。重茬、连作及化肥的过量施用造成土壤盐渍化、缺素症、僵苗、死苗等现象时有发生。气候异常及激素施用不当造成畸形瓜、裂瓜发生率居高不下。因此，甜瓜的非侵染性病害应引起种植户和农药技术人员的重视。

5. 按生长期防治病虫害　对于甜瓜病虫害的防治，应根据甜瓜不同的生长期及甜瓜病虫害发生规律，针对性地进行预防和治疗。

1）甜瓜苗期病虫害的防治　甜瓜苗期病害主要有猝倒病、立枯病、细菌性果斑病、炭疽病及生理性病害等。甜瓜的猝倒病发病初期一般会在幼苗茎基部出现黄色水浸状斑点，很快绕茎一圈，使幼苗缢缩倒伏，子叶呈绿色不萎蔫。立枯病常与猝倒病同时发生，幼苗茎基部产生椭圆形暗褐色病斑，初期病苗白天萎蔫，夜间恢复，病部逐渐凹陷，扩大绕茎一周，缢缩干枯，最后幼苗枯死，由于幼苗大多直立枯死，故得名立枯病。细菌性果斑病，一般沿叶片叶脉坏死，子叶和真叶都易发生，嫁接苗、苗床湿度大更易发生。炭疽病发生时易在子叶上产生近圆形红褐色病斑，外周有黄褐色晕圈。生理性病害主要会发生沤根现象，苗床土壤温度低，湿度大时易发生。幼苗根部呈红褐色，不产生根毛，子叶或真叶叶缘出现干边，生长停滞。

对于苗期病害的处理，应从以下几个方面着手。一是种子处理，一般用55℃的水进行浸种，或用40%甲醛100倍液浸种30分或用47%加瑞农400倍浸种30分，用药物处理的种子一定要用清水冲洗干净。二是加强育苗场地及基质的消毒，对育苗基质及穴盘等进行严格消毒。三是加强苗床管理。要调控好适宜的苗床温度和湿度，防止冷风和低温侵害，促进瓜苗健壮生长，提高幼苗抗病能力。同时苗床通风排湿，保持苗床表土干燥，要避免形成低温高湿的小气候，出苗后撒施干燥的药土或草木灰降低湿度。发现病株要及时拔除并用药处理病穴。四是药剂处理，发生猝倒病或立枯病时可以用68.75%霜霉威·氟吡菌胺可湿性粉剂1 000倍液，或72.2%霜霉威盐酸盐可湿性粉剂800倍液，或50%咯菌腈可湿性粉剂2 000倍液喷雾或灌根。如果发生的是细菌性病害，可以用铜制剂进行治疗。

2）甜瓜田间生长期病虫害的防治　甜瓜在生长过程中常见的病害有白粉病、霜霉病、蔓枯病、枯萎病、根腐病、灰霉病、病毒病、根结线虫及细菌性病害，常见的虫害有蚜虫、白粉虱、蓟马、果食蝇、红蜘蛛、蝼蛄、金针虫等。

（1）农业防治　选用抗病品种，合理密植，科学施肥，特别是要增施腐熟的有机肥或生物菌肥。调节好甜瓜不同生育期的温度和湿度，避免低温或高温伤害。加强田间管理，及时做好病虫害的预防，发现病株，及时铲除。

（2）物理防治　一是在设施内悬挂黄板或蓝板进行诱杀害虫。一些害虫，如白粉虱、蚜虫、烟粉虱等对黄色敏感，具有趋黄色习性，蓟马对蓝色敏感，因此，可以在设施内悬挂黄板或蓝板对这些害虫进行诱杀。二是高温闷棚。在设施甜瓜栽培中，在甜瓜霜霉病发病初期，为快速防治霜霉病，可利用高温杀灭病菌达到治疗的目的。即选择晴天上午，先浇水，保持设施内空气及土壤湿度。然后密闭薄膜，使设施内气温达到 39～41℃（以瓜秧上端的生长点的温度为准），保持 1 小时，然后缓慢通风降温（严禁急速放风降温）。

（二）甜瓜侵染性病害的发生与防治

作物病害是由于受到病原菌的侵染，导致寄主作物细胞和组织的正常生理功能受到严重的影响，并引起病变症状。按病原菌种类，作物病害可分为 4 大类：真菌性病害（包括猝倒病、立枯病、枯萎病、根腐病、疫病、蔓枯病、炭疽病、白粉病、霜霉病、灰霉病、菌核病等）、细菌性病害（细菌性角斑病、细菌性果斑病、细菌性叶斑病、溃疡病、软腐病、缘枯病等）、病毒性病害（黄瓜花叶病毒病、甜瓜花叶病毒病、西瓜花叶病毒病、黄瓜绿斑驳花叶病毒病等）、线虫病（南方根结线虫、北方根结线虫、花生根结线虫、爪哇根结线虫等）。

1. 猝倒病

1）识别要点　瓜苗出土后，近土面幼茎与地面接触处呈水浸状黄褐色病斑，缢缩凹陷倒伏，子叶尚未萎蔫，幼苗倒伏。湿度大时病苗近地面处长出稀疏白色菌丝。

2）发病规律　猝倒病是由瓜果腐霉菌引起的真菌性病害。病菌主要以卵孢子在土壤表层越冬，条件适宜时孢子囊萌发产生游动孢子，侵染幼苗，通过浇水、带菌的肥料、病土、农具等传播，低温高湿条件下易发病，温度 30℃以上受到抑制。土壤温度低，阴雨天多，湿度大和管理不善等，常引起病害的大量发生。

3）防治策略

（1）物理防治　清洁设施，切断越冬病残体传播病害的途径，使用一次性灭菌营养基质，严格控制化肥施用量，避免烧苗，合理密植，同时控制床土温度和湿度，该病在湿度大时发病严重，浇水一定在晴天9时后进行，同时通风排湿，保持床面干燥。

（2）土壤消毒　每平方米育苗土用50%多菌灵可湿性粉剂100克，然后洒少量清水，拌均匀后用塑料密封48小时后即可装穴盘进行育苗。

（3）药剂防治　发病初期可喷施25%嘧菌酯水分散粒剂1 500倍液，或68.75%霜霉威·氟吡菌胺可湿性粉剂1 000倍液。

2. 霜霉病　霜霉病是甜瓜生产上一种重要的病害，甜瓜整个生长期均可发病感染，且发病迅速，俗称"跑马干"，对生产危害大，严重的可减产50%～70%。

1）识别要点　霜霉病主要危害叶片，特别是中下部叶片（图9-1）。幼苗发病，子叶正面产生黄化褪绿小黄斑，后变成不规则的浅黄褐色病斑，严重的出现枯萎斑。成株染病多从下部老叶开始，叶面和叶背产生褪绿黄色病斑，沿叶脉扩展为多角形，后期病斑变成黄褐色或浅褐色，湿度大时，叶背面长出灰黑色霉层。病情由下而上蔓延。高湿条件下，病斑迅速扩展为大斑块，致叶片上卷或干枯，下部叶片全部干枯，有时只剩生长点附近几片叶片。

图9-1　霜霉病危害症状

2）发病规律　以卵孢子在土壤中越冬，在条件适宜时病菌借气流、雨水和灌溉传播。多从近根部叶片开始发病，病菌萌发和侵入对湿度条件要求较高，叶片上有水滴或水膜时病菌才能侵入。空气相对湿度达到80%以上时，病部能产生大量的孢子囊，条件适宜2天就可以产生新的病斑，长出的孢子囊再次侵染。病菌对温度要求范围比较宽，气温10~30℃均可发病，适温度为15~24℃，高于30℃或低于10℃不易发病。

3）防治策略

（1）农业防治　选用抗病品种。合理轮作和倒茬，科学施肥，合理密植，及时整枝和适时放风排湿。设施内采用全地膜覆盖，严禁大水漫灌。发生霜霉病可采用高温焖棚，高温焖棚应注意以下几个问题：高温闷棚只能在瓜秧生长健壮且略有徒长趋势的棚里进行；连续阴天后马上晴天，瓜秧处于饥饿缺水状态时绝对不能高温闷棚；高温闷棚时对温度的监测要勤，一般15分观测1次，温度计要挂在甜瓜生长点；高温闷棚前1天必须灌水，当天早上不能放风，闷棚第二天应及时灌1次小水，保证瓜秧不受伤害；闷棚前应喷施1次杀菌剂，高温时病菌抵抗力低，能发挥最大杀菌作用。

（2）药剂防治　发病初期用50%烯酰吗啉水分散粒剂1 000~1 500倍液，或66.5%霜霉威盐酸盐水剂800倍液，或52.5%噁酮·霜脲氰水分散粒剂2 000倍液。喷施病株及周边土壤，控制病菌蔓延。以上农药交替使用，每隔7~10天喷施1次，不管是哪种药剂，喷施均匀周到，药液全覆盖才能取得好的治疗效果。

3. 白粉病　甜瓜整个生长期均可发病，主要危害叶片。发病严重时也可危害茎蔓和果实。

1）识别要点　白粉病一般从下部叶片开始染病，然后逐渐向上发展，发病初期叶片正面或背面出现白色近圆形小粉斑，逐渐扩大为边缘不明显的连片粉斑，随后许多病斑连在一起布满整个叶片（图9-2）。随着病情发展，白色粉状物逐渐变成灰白色或红褐色，后期产生黑褐色小点。叶片枯黄坏死，叶片一般不脱落。叶柄、瓜蔓和瓜染病，病斑与叶片相似，病部布满白粉，但没有叶片严重。

2）发病规律　病菌以菌丝体或菌囊壳随寄主植物或病残体越冬，翌年春季产生子囊孢子或分生孢子侵染植株。随气流、雨水和昆虫传播，扩大侵染，成为早春大棚的病菌来源。孢子萌发的适宜温度为20~26℃，当气温在16~24℃，空气相对湿度在90%以上，植株长势弱，白粉病极易发生流行，干湿交替，发病较重，湿度大，

图 9-2 白粉病危害症状

通风不好时发病早且重，坐瓜 20 多天的功能叶最易感病，随果实发育增大，抗病力下降，病情不断加重。由于白粉病发生温度范围较宽，已发过病的连作地块一般均可发病。

3）防治策略

（1）农业防治　选用抗病品种，轮作换茬，适当增施生物菌肥和磷肥、钾肥，避免过量施用氮肥，加强田间管理，采用高垄栽培，合理密植，及时通风换气，降低湿度，增加光照。收获后及时清除病残体，做好土壤消毒。

（2）药剂防治　发病初期，可用 40% 氟菌唑可湿性粉剂 8 000 倍液，或 25% 吡唑嘧菌酯悬浮剂 2 000 倍液，或 62.25% 腈菌唑·代森锰锌可湿性粉剂 600 倍液，或 42.4% 氟吡菌酰胺肟菌酯悬浮剂 1 500 倍液喷雾防治。

4. 蔓枯病　蔓枯病又称褐斑病、黑腐病，是甜瓜产区常见病害。设施栽培中发病较重，特别是近几年有加重趋势，严重影响甜瓜的产量和品质，制约了甜瓜产业的健康发展。

1）识别要点　主要危害茎蔓、叶柄和叶片，以茎蔓受害最重。叶片发病初期从叶缘开始长出褐色病斑，后期整个叶片枯死（图 9-3）。主蔓和侧蔓发病，在茎基部呈淡黄色油渍状病斑，稍凹陷，椭圆形或梭形，后期病部龟裂，并分泌出黄褐色胶状物，干燥后呈红褐色或黑色块状。生长后期病部干枯，呈灰白色，表面散生黑色小点。叶片上病斑黑褐色，多呈"V"形，有时为圆形或不规则形，有不明显的同心轮纹，叶缘病斑上有小黑点，病叶干枯呈星状破裂。

图9-3 蔓枯病危害症状

2）发病规律 甜瓜蔓枯病菌在病残体上和土壤中越冬或越夏，种子也能带菌，病菌产生分生孢子借气流、雨水、灌溉水传播，引起甜瓜发病，或由种子带菌引起发病中心再进行侵染。甜瓜蔓枯病菌可从茎蔓的节间、叶和叶缘水孔和伤口侵入。连作、地势低洼、叶蔓茂密、通风透光差、田间操作造成伤口等情况下，发病严重。

3）防治策略

（1）农业防治 实行轮作倒茬，或进行水、旱轮作。不使用没有腐熟的粪肥。进行测土配方施肥，增施磷肥、钾肥，培育壮苗，增强植株抗病能力。清洁田园，及时清除病残体。种子消毒，55℃的水进行浸种30分或0.1%高锰酸钾浸种1小时，然后用清水冲洗干净播种。高温闷棚，利用6~7月的高温天气，对大棚进行全棚覆盖，采用湿闷和干闷相结合的方式进行，可有效防控。

（2）药剂防治 发病初期可用75%百菌清可湿性粉剂800倍液或2.5%咯菌腈可湿性粉剂1 000倍液进行防控。发病中期可用60%吡唑醚菌酯悬浮剂1 000倍液进行防治。用32.5%苯醚甲环唑悬浮剂400倍液对病害严重的大棚进行涂抹防治。

5. 细菌性果斑病 甜瓜细菌性果斑病是一种国际性的检疫性病害，除危害甜瓜外，还对西瓜、西葫芦、葫芦等作物有很大危害。特别是近几年有加重的趋势，由于甜瓜细菌性果斑病具有发病迅速，传播速度快、暴发性强的特点，目前，甜瓜细菌性果斑病已成为甜瓜生产的主要病害之一。

1）识别要点 细菌性果斑病主要危害甜瓜的叶片和果实。叶片发病出现多角形或圆形褐色水浸状病斑，边缘初为"V"形，沿叶脉坏死，后干枯变薄，病斑背部菌脓干后发亮，严重时会滴白色胶状物（图9-4）。多个病斑融合后变成黑褐色大斑。果实染病初期，果皮上呈现水浸状小斑点，而后逐渐变成褐色凹陷斑，龟裂，后期病果果肉呈水浸状腐烂，臭味浓。

图9-4 细菌性果斑病危害症状

2）发病规律 病原细菌在种子和土壤中遗留的病残体上越冬。远距离传播主要借助种子，种子表面和种胚均可带菌。病菌主要从伤口和气孔侵染。苗期感病时，侵染子叶，特别是嫁接苗更易染病，在生长期间借助浇水、昆虫和农事操作传播。多雨、高湿、大水漫灌易发病。发病严重时，瓜秧及果实腐烂。

3）防治策略

（1）农业防治 加强检疫，严禁从病区调运种子。及时清除田间病残体，采用全地膜覆盖和滴管设施，降低田间湿度和避免灌水传播，适时整枝、打杈，保证植株通风透光，合理增施有机肥，提高植株生长势，增强抗病能力。发现病株应及时清除销毁，禁止将发病田用过的农具拿到无病田中使用。实行轮作，发病严重的地块与非葫芦科植物进行3年以上的轮作。

（2）药剂防治 发病初期可用20%噻菌铜悬浮剂500倍液，或47%春雷·氧氯铜可湿性粉剂800倍液进行防治，每7天喷1次，连喷2~3次。

6. 细菌性角斑病 细菌性角斑病在甜瓜的苗期和成株均可发病，主要危害叶片、叶柄、茎蔓等。

1）识别要点　初发病时，子叶上有水渍状凹陷斑，后变黄，干枯。真叶染病，初形成针尖大小褪绿小斑点，扩大后呈外围带有黄色晕圈的黄色或灰白色病斑，叶背面为水渍状。随病情发展，病斑受到叶脉限制形成多角形黄褐色斑，病斑透光。病部易碎，常形成不规则的穿孔。连片时，叶片常卷曲枯死。湿度大时，叶柄溢出乳白色浑浊水珠状菌脓。果实发病，出现水渍状小斑点，后扩大呈不规则连片病斑，病斑溢出乳白色的菌脓。常伴随软腐病侵染，导致果实腐烂。

2）发病规律　病原细菌随病残体在土壤或附在种子表皮上越冬。如果播种带菌的种子，病菌会直接侵害幼苗子叶。病残体或土壤中的病菌借气流、浇水、昆虫和农事操作传播。从气孔侵入扩展蔓延。高温高湿及连作重茬、昼夜温差大，阴雨天气多，易造成病害的发生和流行。

3）防治策略

（1）农业防治　清洁土壤，用无病原菌的基质育苗，与非瓜类蔬菜进行轮作，收获后清除病残体；加强栽培管理，采用高垄栽培，加强通风透光，降低湿度，避免在高湿或阴雨天气进行农事操作。

（2）药剂防治　发现病叶，及时摘除，并用47%春雷·氧氯铜可湿性粉剂800倍液，或33.5%喹啉铜悬浮剂1 000倍液，5～7天喷1次，连用2～3次。

7. 炭疽病　炭疽病在设施栽培和露地栽培中均可发生，除生产季节发病外，在甜瓜的储运过程也易发病而造成烂瓜，主要危害叶片、茎蔓、叶柄、果实。

1）识别要点　甜瓜整个生育期均可发病，以生长中后期发病较重。苗期子叶病斑多发生在边缘，呈半圆形稍凹陷的褐色斑，蔓延到茎秆造成苗子猝倒，但比猝倒病发病部位高（图9-5）。成株发病，初为水渍状小斑点，逐渐扩展成为近圆形病斑，呈黄褐色或红褐色，边缘有黄色晕圈，后期病斑逐渐凹陷，有不明显的小黑点状轮纹，干燥时易碎，潮湿时叶背长出粉红色小点，而后变黑。随病情发展，病斑相互连片，叶片焦枯死亡。茎蔓和叶柄染病，病斑呈菱形或长圆形，黄褐色凹陷或纵裂，有时表面着生粉红色小点。果实受害，初为褪绿水渍状斑点，后扩大成为暗褐色至黑褐色近圆形轮纹状病斑，后期产生粉红色黏稠物。

2）发病规律　病菌随病残体在土壤中越冬或种子带菌传播。病菌从伤口或直接由表皮侵入，随雨水、灌溉水、昆虫及农事操作传播，形成初侵染，发病后病部产生分生孢子，形成频繁再侵染。甜瓜炭疽病菌在10～30℃均可发病，适宜温度20～27℃，空气相对湿度达80%～95%，属高温高湿型病害，空气相对湿度在50%

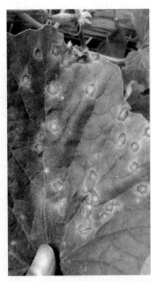

图 9-5　炭疽病危害症状

以下则不发病。棚内湿度高，叶片吐水或结露，田间排水不良，通风不良，偏施氮肥均可诱发该病。

3）防治策略

（1）农业防治　实行轮作。采用高垄栽培，膜下滴灌，避免田间积水。加强设施内的温度、湿度管理。禁止在阴雨或露水落干前整枝打杈。避免偏施氮肥，及时清除病残体和病果。

（2）药剂防治　发病初期用 25% 嘧菌酯悬浮剂 1 500 倍液，或 25% 咪鲜胺水乳剂 1 000 倍液，每 5~7 天喷 1 次，连喷 2~3 次。

8. 病毒病　病毒病又叫花叶病、小叶病，是甜瓜产区特别是露地生产中普遍发生的一种病害，对甜瓜产量和品质影响很大，特别是近些年，设施甜瓜生产大面积发展，原本在设施内不作为重点病害，现在也时有发生，这可能与种子传播和生态防治不足有很大关系。因此，在甜瓜病毒病防治中，切断传播途径是防治病毒病的关键。

1）识别要点　病毒病常见的症状有黄化、花叶、畸形等。黄化一般在发病初期顶部嫩叶叶脉旁出现小块褪绿斑，后叶片变小变黄，叶缘反卷，瓜小且少，果皮有斑驳，有时植株呈丛枝状。花叶一般叶片表现明脉，叶片出现黄绿和浓绿镶嵌的花斑，叶面皱，凹凸不平，瓜蔓扭曲，植株生长缓慢，有时出现顶端坏死（图 9-6）。畸形表现植株矮小，叶片黄化、叶片皱、坏死等。

图 9-6　病毒病危害症状

2）发病规律　病毒不能在病残体上越冬，只能在冬季活体生长的植物上越冬，如大棚内种植的蔬菜、生长的杂草等。靠昆虫、接触摩擦、整枝打杈等农事活动传播，种子带毒率高低与发病早晚有关，发病早说明种子带毒率高。同时，蚜虫、蓟马取食传播，是病毒蔓延的主要渠道。高温干旱有利于蚜虫的繁殖和传毒，适合病毒病的发生。田间管理粗放，杂草多和紧邻十字花科及桃园的地块发病严重。

3）防治策略

（1）农业防治　选用抗病或耐病品种，同时选用无病种子。彻底铲除田间杂草和越冬存活的蔬菜老根，远离桃园和十字花科制种田。增施有机肥，培育壮苗，加强田间管理。在设施内悬挂黄板、蓝板诱杀蚜虫、蓟马等，铺设银灰色地膜。通风口用防虫网防护。

（2）药剂防治　用 10% 磷酸三钠浸种 30 分，用清水冲洗干净后再浸泡 5 小时后进行催芽播种。提前预防，在定植前可用 25% 噻虫嗪水分散粒剂 1 500 倍液淋苗，在发病初期喷施 20% 宁南霉素水剂 600 倍液，或 1.5% 烷醇硫酸铜水乳剂 1 000 倍液。

9. 根腐病　又称死颗、死秧子，是近年来发生较多的一种土传病害，主要侵染甜瓜的根。

1）识别要点　该病一般在甜瓜伸蔓期和开花结果期发病，主要表现为地上部叶片中午突然出现萎蔫，早晚恢复正常，4～6 天全株萎蔫死亡。发病部位主要在甜瓜的根部，染病部位初呈水浸状，后呈黄褐色坏死腐烂，湿度大时根茎产生白霉，其病部腐烂处维管束变褐色，但不向上发展，这一点是与枯萎病的典型区别。随病害发展地上部植株叶片由下到上逐渐褪绿、萎蔫，最后枯死，后期病部腐烂，仅剩下丝状维管束。

2）发病规律　病菌以厚垣孢子、菌丝体或菌核随病残体在土壤中越冬。病菌从根部伤口侵入，发病后病部产生分生孢子，借雨水或灌溉水传播蔓延，进行再次侵染。高温高湿下易于发病，连作，地势低洼，土壤黏重，地下害虫发生严重，施用未腐熟的肥料造成伤根等会加重病害。

3）防治策略

（1）农业防治　实行轮作倒茬，施用充分腐熟的有机肥，采用高垄栽培。实施肥水药一体化技术，严禁大水漫灌，注意防治地下害虫。

（2）药物防治　50%多菌灵可湿性粉剂500倍液，或25%丙环唑乳油1 500倍液，或60%吡唑嘧菌酯代森联水分散粒剂1 500倍灌根，同时叶面喷雾3%中生菌素可湿性粉剂600倍液。

10. 枯萎病　甜瓜枯萎病属于土传病害，全生育期都可发病，但以伸蔓和结果期发病较重。

1）识别要点　该病的典型症状是地上部瓜蔓萎蔫和地下部根系坏死。该病一般在甜瓜开花后发生，初期茎蔓上的叶片由下部向上逐渐萎蔫，晴天上午最为明显，早晚恢复，叶面上无病斑发生，数天后瓜秧的叶片全部萎蔫下垂，早晚不能恢复，茎蔓粗糙、开裂，湿度大时，病部呈水浸状腐烂，表面产生白色或粉红色霉状物。瓜根易从土壤中拔起，须根少，皮层与木质部易剥离。根的维管束变褐色，病株在田间一般呈片状或条状发生。

2）发病规律　该病以菌丝体、厚垣孢子和菌核在土壤和堆肥中越冬，甜瓜种子也可带菌，是设施甜瓜栽培的初侵染源。病菌在田间主要随农事操作，地下害虫等传播，属积年流行病害。条件适宜时，病菌通过根部伤口或根尖侵入。根系发育不良，有伤口时易发生。排水不良、害虫较多、土壤偏酸等均有利于发病。

3）防治策略

（1）农业防治　选用耐病品种，注意轮作，施用充分腐熟的有机肥，采用水肥药一体化技术，加强田间管理，高垄栽培，及时清除病残体。对部分甜瓜品种采用嫁接防病。利用夏季高温进行高温闷棚。

（2）药剂防治 种子处理，用 0.2% 高锰酸钾或福尔马林 150 倍液浸种 30 分，再用清水洗干净后催芽播种。采用灌根方式，定值时用枯草芽孢杆菌 800 倍液灌根，或 80% 多菌灵可湿性粉剂 600 倍液，或 2.5% 咯菌腈可湿性粉剂 1 000 倍液，或 70% 甲基硫菌灵可湿性粉剂 500 倍液喷雾防治。该病应早防早治效果才会明显。

11. 根结线虫 根结线虫的危害已成为甜瓜生产中最为严重的病害之一，其危害程度呈上升趋势，瓜农损失严重。

1）识别要点 该病主要危害甜瓜的根部、侧根和须根。苗期侵染，在甜瓜侧根或须根上形成针头状根结，后增生膨大，形成许多黄白色节状或串珠状根结，使甜瓜根部肿大、粗糙（图 9-7）。病根易腐烂。根结少时，地上部瓜秧无明显症状；根结多时，地上部瓜秧生长不良，植株矮小，中午光照强时出现萎蔫，瓜秧黄化，严重时瓜秧枯死。在甜瓜生长期间可重复感染，造成危害极大。

图 9-7 根结线虫危害症状

2）发病规律　根结线虫主要以卵和2龄幼虫在甜瓜或其他寄主植物的根结中或土壤中越冬。根结线虫多分布在5～30厘米土壤耕作层中，在土壤中可存活1～3年。春天种植甜瓜后，越冬卵孵化出幼虫，蜕皮后孵化出2龄幼虫在土壤中移动，侵害甜瓜根尖，一般从根冠上方侵入，分泌物刺激根导管细胞膨胀形成根结，幼虫在根结内发育到4龄时交配产卵，在一个生长季节可完成多个世代。每个世代中，2龄幼虫随农事操作、流水及自身运动等方式传播，进行重复侵染。此外，带有根结线虫根结的未腐熟的堆肥及农机具等也可成为此病的初侵染源。被根结线虫污染的土壤，很难将根结线虫彻底清除干净。25～30℃气温最适宜根结线虫的侵染，气温低于5℃或高于40℃时根结线虫活动受到抑制，气温55℃时10分致死。土壤疏松、通气性好和连作地块，根结线虫发病较重。

3）防治策略

（1）农业防治　在发病严重的地块，与非寄主的作物进行轮作3年；冬季大水漫灌后深翻冻垡，切断根结线虫的越冬，可有效地减少越冬虫源；用无虫基质育苗，严控种苗带虫；利用6～7月高温进行高温闷棚。

（2）药剂防治　对根结线虫的防治一般采用土壤处理。

98%棉隆颗粒熏蒸处理土壤，先将要进行消毒的土壤浇水整地后，一般采用沟施的方式。沟施：按照甜瓜种植方式进行开沟，沟宽20厘米，深20厘米，在沟内均匀撒施98%棉隆颗粒8克/米^2，然后覆土，盖上塑料薄膜，10天后揭开薄膜，松土2次后，再过10天后种植甜瓜。也可每亩用10%噻唑磷颗粒剂2千克沟施后洒水覆膜，10天后进行定植，或5%噻虫胺颗粒剂2千克均匀施入定植沟内。也可用41.7%氟吡菌酰胺悬浮剂在甜瓜定植后15天进行灌根，每亩用130毫升。

（三）甜瓜非侵染性病害的发生与防治

除了侵染性病害外，甜瓜在生长过程中还会发生非侵染性病害。非侵染性病害是由非生物因素即不适宜环境条件造成的生理性障碍而引起的植株异常。这类病害没有病原体的侵染，不能在植株个体间互相传播，近年来在甜瓜生产过程中尤其是设施生产中，正成为常发性病害，这与设施常年连作、施肥量大，特别是化肥及激素类农药施用不当有关，也与设施内温度、湿度管理不当，光照不足有很大关系。具有突发性、普遍性、散发性等特点。

1. 冷害

1）表现症状　一般在早春育苗或定植后发生，甜瓜在8℃以下即可发生冷害，轻微时叶片边缘呈黄白色，造成生长停滞，稍重时叶缘卷曲、干枯，褪绿性白化是甜瓜冷害表现的基本症状。生长点停止生长，形成僵苗。严重时，植株出现生理性失水，变褐枯死。

2）发病原因　甜瓜是耐热不耐寒的喜温作物，对低温的耐受能力有限，根系生长最低温度为8℃，外部环境温度低于13℃时生长停止，甜瓜对低温比较敏感，遇到霜即生长点坏死。土壤温度长时间低于8℃，或气温低于13℃，茎叶停止生长，导致寒害，低于4℃时叶片细胞中的水分凝结，引起冻害。在棚内，土壤黏重，通气性不好，浇水量大，连续低温寡照条件下，发病较重。

3）防治方法

（1）选择适宜品种　选择耐低温弱光的甜瓜品种。

（2）改善育苗和定植环境　保障甜瓜的苗期和定植后光照及温度需求。注意天气变化，及时加盖农膜，提温保温。

（3）喷药　在降温之前，可提前用0.136%赤·吲乙·芸苔可湿性粉剂5 000倍液进行喷雾，提高甜瓜的抗低温能力。

（4）加温　遇到极端低温天气，可在24时后利用加温块进行提温，防止出现霜冻。

（5）通风　如果棚内发生冻害，棚内可适当通风降温，切勿使棚内温度快速上升，以免根系吸水不足，造成生理性失水。

2. 高温伤害

1）表现症状　一般发生在夏季或早秋种植甜瓜，棚内温度持续保持在40℃以上，初期上部叶叶缘向上微卷，后期向下卷曲，叶缘失水，严重时叶缘干枯。叶脉叶肉褪绿，形成黄色斑驳，部分或整个叶片黄化。在甜瓜苗定植时，由于叶片贴近地膜，地膜栽培口封闭不严，造成地膜下热气烫伤叶片，出现叶片干枯。

2）发病原因　由于白天温度在40℃以上，夜间温度在25℃以上甜瓜生长受到抑制，叶片蒸腾快，导致细胞脱水，呼吸消耗过大，植株黄化出现萎蔫。

3）防治方法　选用耐热品种；增施有机肥，防止土壤盐渍化，改善土壤通气性，合理施用氮磷钾复合肥，在开花坐果期注意施用充足的钙肥和镁肥，同时施入适量的锌、硼、铁等微量元素；要合理密植，合理整枝，使大棚通风透光合理；也可用0.136%赤·吲乙·芸苔可湿性粉剂3 000倍液喷雾来缓解高温造成的伤害。

3. 高脚苗

1）表现症状　一般发生在育苗期，主要表现为苗子下胚轴细长、纤弱，叶片大而薄且叶色淡，易感病。

2）发病原因　一般在育苗时苗床湿度大，光照不足，或播种量过大，幼苗拥挤或出土后苗床温度过高，都易造成高脚苗。夏季高温下育苗叶易产生高脚苗。

3）防治方法　出苗后及时降低苗床温度，一般不超过25℃，直至第一批真叶出现；育苗基质要合理配制，要控制氮肥的施用量；合理的育苗密度，适时通风透光降温、排湿、增加光照；也可用叶绿素1 500倍液进行叶面喷雾。

4. 沤根

1）表现症状　幼苗、植株地上部分长时间生长停滞，长时间无心叶抽生，叶片有黄化趋势，叶缘发黄皱缩，呈焦枯状，严重时植株萎蔫，扒开根系，根系停止生长，主根、侧根变成铁锈色，严重时根表皮腐烂不产生新根，引发死苗。

2）发病原因　苗期或定植初期，遇低温阴雨天气，造成土壤湿冷或大水漫灌，造成土壤缺氧；土壤施用未腐熟的有机肥或化肥用量过大；定植时伤根。

3）防治方法　选择排水良好，土壤通气性好的地块种植；苗期低温下小水勤浇，忌大水漫灌；及时中耕提温透气；浇水早晚进行，忌晴天中午或阴雨天气浇水；选择冷尾暖头定植；发生沤根的大棚，应及时通风排湿，可用0.2%磷酸二氢钾叶面喷雾。

5. 自封顶苗

1）表现症状　甜瓜幼苗生长点退化，不能正常抽生新叶，较轻的表现为丛生状，严重的常常只有2片子叶。有的虽然能形成1～2片真叶，但叶片萎缩，没有生长点，或生长点硬化，停止生长。

2）发病原因　3年以上的陈种子播种后易发生；苗期长时间低温，阴雨天气，根系吸收不良，幼苗营养生长较弱或苗期突遇低温、寒流的侵袭，幼苗生长点分化受抑制；刚出土的瓜苗，生长点幼嫩，叶面喷药施肥不当易破坏甜瓜幼苗的生长点，造成无头苗；幼苗出土后受到一些虫子的危害，造成生长点停止生长。

3）防治方法　选用发芽势、发芽率强的饱满的新种子育苗；加强苗床管理，增加保温增温设施，及时通风排湿；注意防止肥害，特别是施用挥发性肥料要及时放风；按照农业施用说明，合理施用农药，预防好病虫害；对已经受害的幼苗可适当追施叶面肥促新叶萌发，也可用0.136%赤·吲乙·芸苔可湿性粉剂7 500倍液喷雾。

6. 土壤盐渍化

1）表现症状　植株生长缓慢、矮化，生长点细胞分化缓慢，叶缘有烧灼性褐色干枯，主根呈褐色不发须根，导致萎蔫性枯死。

2）发病原因　在重茬连作较长的地块，偏施化肥、有机肥严重不足的地块易发生；设施栽培较严重，一是复种指数高，二是连作时间长，三是施肥量大，且设施内温度较高，蒸发量大，根系吸收水分及养分的能力下降，给植株供应的养分不足，造成植株枯萎死亡。

3）防治方法　改良土壤，增施有机肥，增加土壤活性物质增强土壤的通气性；尽量不施用容易增加土壤盐类浓度的化肥；采用高温闷棚，施用海藻肥；进行灌水洗盐，泡田淋失盐分。

7. 缺钙症

1）表现症状　幼叶变小，叶缘黄化，叶片卷曲，叶脉失绿花黄化，但主脉正常，有时叶脉间出现白点，植株矮小，节间变短，幼叶易枯死。甜瓜缺钙主要表现在幼瓜上，早期幼瓜果皮凹凸不平，膨大后接近平滑，初期呈水浸状暗绿色凹陷斑点，成熟后斑点不腐烂。缺钙导致果肉萎缩褐变，果皮裂开。

2）发病原因　土壤内不缺钙离子，但连续多年种植甜瓜，过量施用磷肥、钾肥造成土壤盐分过大，或硼元素缺乏阻碍了甜瓜对钙的吸收；土壤干旱，土壤溶液浓度大，阻碍钙的吸收；空气湿度小，蒸腾量大，水分补充不足易发生缺钙；早春低温沤根，根系发育不良，吸收功能下降易引发缺钙。

3）防治方法　重施有机肥，增强土壤养分全面均衡供应能力；酸性土壤应及时调节 pH 为中性，补充过磷酸钙并深施 20～40 厘米土层中；避免一次性施入大量的磷肥、钾肥，适时灌溉，保持合理的水分；在果实膨大期，钙叶面喷施 0.3% 氯化钙。

8. 缺镁症

1）表现症状　缺镁的典型症状是下部老叶的叶脉之间叶肉褪绿黄化，形成斑驳花叶，并逐步扩展连片，但叶脉、叶缘保持绿色。有时除叶脉外，叶片通体黄化，无明显坏死斑。严重时向上扩展，逐渐黄化，枯萎死亡。缺镁常伴随低温环境，可见叶片发硬，叶缘弯曲稍向上卷翘。

2）发病原因　过量施用氮肥或未腐熟的粪肥，使土壤酸化而影响镁的吸收；钙中毒造成的碱性土壤也会影响镁的吸收；过量施用氮肥、磷肥，有机肥不足，持续低温，土壤干旱根系吸收不良等。

3）防治方法　注意土壤改良，保持土壤的酸碱度的平衡；增施腐熟的有机肥，保持土壤养分平衡；基肥中可施入3千克的硼镁微肥；叶面喷施0.2%硫酸镁或螯合镁等。

9. 缺硼症

1）表现症状　生长点发育受抑制，附近节间短，叶缘黄化并向内扩展呈不规则的黄色叶缘宽带，但叶脉间不失绿黄化，花器官发育不良或畸形，果皮鞍裂，硬化。

2）发病原因　酸性土壤或沙性土壤易缺硼，一次性施用过量的石灰肥料易发生。土壤有机肥施用量少，土壤pH高的设施易发生。钾肥施用量过多，影响了硼的吸收。

3）防治方法　改良土壤，多施腐熟有机肥，增加土壤的保水性，在缺硼的地块，每亩施1千克硼砂1千克；在甜瓜花芽分化期可叶面喷施0.2%硼砂，每隔7天喷1次，连喷2次。

10. 缺铁症

1）表现症状　植株新叶除叶脉全部黄化外，叶脉也逐渐失绿，继而腋芽也呈黄化状，此黄化较为鲜亮，且叶缘正常，植株不停止生长发育。

2）发病原因　在碱性土壤，磷肥施用过量，土壤过干过湿及温度低，均易发生缺铁现象；因铁在植物体内不易移动，故黄化始于生长点；如及时补充铁，黄化叶上部会产生新的绿叶。

3）防治方法　加强肥水管理，防止土壤过干过湿；防止土壤碱化；及时补充铁，可叶面喷施0.2%硫酸亚铁。

11. 缺锌症

1）表现症状　植株从中部叶开始褪色，与健康叶相比，叶脉清晰，随着叶脉间逐渐褪色，叶缘从黄化变成褐色，叶片向外卷曲。新叶一般不发生黄化。缺锌严重时，生长点附近节间变短，叶片硬化。

2）发生原因　光照过强时易发生；土壤碱性大易发生；土壤磷元素过多易发生。

3）防治方法　不要过量施用磷肥；叶面喷雾0.1%硫酸锌50～80克。

（四）甜瓜虫害防治

甜瓜虫害主要有瓜蚜、白粉虱、美洲斑潜蝇、烟粉虱、茶黄螨、蓟马、红蜘蛛、蝼蛄、小地老虎、蛴螬等。

1. 瓜蚜 瓜蚜，又称棉蚜，主要危害瓜类蔬菜，属同翅目蚜科。全国各地均有分布，是病毒病等多种病害的传播媒介，对甜瓜生产危害性大。

1）危害症状 成蚜、若蚜均聚集在叶背、嫩茎处和花蕾以刺吸口器吸食甜瓜的汁液，同时分泌蜜露污染甜瓜叶片。可使叶片卷曲皱缩，轻则叶片上绿色不均或发黄。重则叶片卷曲枯萎。功能叶受害后叶片枯黄，光合能力下降，早春甜瓜减产严重。

2）发生特点 以卵在越冬寄主或以成虫、若虫在棚室内越冬繁殖。早春温度低，蚜虫量增长缓慢。到春末夏初，蚜量大增并形成危害高峰。入夏后，由于高温及雨水冲刷，虫口下降。秋天气温降低，蚜虫又大量繁殖，形成秋季危害高峰。晚秋随气温快速下降，虫口再度降低。所以，每年有春、秋季两个发生高峰。

3）防治要点

（1）农业防治 瓜田要合理布局，减少蚜虫在田间迁飞。同时瓜田尽量不要与桃树间隔太近。大棚棚室通风口处加盖防虫网，及时清理周边杂草。

（2）物理防治 利用蚜虫对黄色趋性，在棚室内可利用黄板诱杀蚜虫，黄板悬挂高度与甜瓜顶端相平，每亩可挂 30 张。利用蚜虫对银灰色的负趋性，用银灰色薄膜覆盖地面，或棚室周围挂银灰色薄膜条，可驱蚜虫。

（3）生物防治 在棚室内放丽蚜小蜂等天敌。一般在定植后 7～10 天，开始时按照 3～5 头/米^2 进行投放，将卵卡悬挂在甜瓜植株下部，根据虫害发生情况，可 7～10 天释放 1 次，直至虫害得到控制。

（4）化学防治 可选用 5% 氟啶脲乳油 2 000 倍液，或 70% 吡虫啉水分散粒剂 7 500 倍液，或 2.5% 溴氰菊酯乳油 2 000 倍液，或 25% 噻虫嗪水分散粒剂 4 000 倍液，喷药时要周到、细致、均匀。棚室栽培的甜瓜，可采用 10% 敌敌畏烟熏剂熏棚。

2. 白粉虱 白粉虱，属同翅目粉虱科，是棚室栽培普遍发生的虫害，主要危害瓜类、茄果类、豆类等作物。也是病毒病等多种病害的传播媒介。

1）危害症状 成虫、若虫群集叶片背部，吸食汁液，使叶片褪色、变黄、萎蔫。植株生长衰弱，甚至萎蔫、死亡。另外，成虫、若虫分泌大量蜜露，堆积于叶面及果实，易引起煤污病的发生。

2）发生特点　白粉虱在温室外以卵越冬。温室内1年发生十余代。温室条件下约1个月1代，在温室内无滞育或休眠现象。成虫对黄色具有强烈趋性，忌避白色和银灰色。种群数量呈现春、秋季两个高峰。成虫具趋嫩性，总是随着植株的生长而到顶部嫩叶群居和产卵。因此，随着寄主的生长，成虫向上部叶片迁移，各虫态在植株上呈垂直分布：上部叶片上是新产的绿卵，稍向下部叶片是黑卵，再向下依次为初龄若虫、老龄若虫（伪蛹）和新羽化的成虫。10月下旬后，由露地向棚室内迁移危害。由于温室、塑料大棚和露地生产的衔接和交替，白粉虱可周年发生。

3）防治要点

（1）农业防治　一定要把育苗床与生产棚室分开，育苗前彻底熏杀残余虫口，通风口用防虫网密封，培育无虫苗。温室头茬种植白粉虱不喜食的芹菜、蒜黄等作物。避免甜瓜、番茄、菜豆混栽。整枝时摘除老龄若虫集中的下部老叶，深埋或烧毁。

（2）物理防治　棚室内每亩悬挂黄板30张，高度与甜瓜生长点相平。

（3）生物防治　棚室内可释放丽蚜小蜂、中华草蛉等天敌。

（4）化学防治　可选用2.5%溴氰菊酯乳油2 000倍液，或10%吡虫啉可湿性粉剂4 000倍液，或25%噻虫嗪水分散粒剂2 500～5 000倍液，或2.5%多杀霉素乳油2 000倍液喷雾，5～7天喷1次药，连续防治2次。

3. 美洲斑潜蝇　美洲斑潜蝇属双翅目潜蝇科，我国大部分地区均有发生，主要危害瓜类、豆类、番茄、马铃薯等作物，寄主范围极广。斑潜蝇在甜瓜一生均可危害，从子叶到生长各个时期叶片均可受害。

1）危害症状　成虫、幼虫均可危害，以幼虫潜叶对寄主造成的损失最大。雌虫在叶片上产卵和取食。幼虫潜入叶片、叶柄危害，蛀成弯弯曲曲的隧道。隧道初为白色，后变褐色；随幼虫成长潜道加宽。由于幼虫危害，叶绿素和叶肉细胞遭到破坏，影响光合作用，使植物发育延迟甚至枯死，造成减产。

2）发生特点　世代短，繁殖力强。每世代冬季2～4周，夏季6～8周。每年发生多代。雌成虫以产卵器在叶片上刺孔，取食汁液，并产卵于表皮下。雄虫不能刺伤叶片，但可利用雌虫形成的刻点来取食。成虫发生高峰出现在上午。成虫羽化后24小时内交尾。卵孵化期2～5天。24℃气温下，幼虫发育期4～7天，幼虫成熟后通常在破裂叶片表皮外或土壤表层化蛹，高温和干旱对化蛹不利。

3）防治要点

（1）农业防治　清除残株及时清洁田园，残株及杂草集中烧毁。

（2）物理防治　利用成虫对黄色的趋性，在田间放置粘虫板，以诱杀成虫。每亩可放粘虫板30块。

（3）化学防治　防治成虫应在羽化高峰的上午进行，可喷洒24.7%噻虫嗪高效氯氟氰菊酯1 500倍液，或1.8%阿维菌素乳油3 000倍液，或5%氟啶脲乳油2 000倍液，或40%绿菜宝乳油1 500倍液，或25%喹硫磷乳油1 000倍液。防治幼虫应在2龄前、虫道2厘米以下时进行，可喷洒1.8%阿维菌素乳油2 500倍液，或10%吡虫啉可湿性粉剂3 000倍液。因为美洲斑潜蝇易产生抗药性，防治时上述药剂要交替使用。棚室栽培的甜瓜，可以使用10%敌敌畏烟熏剂熏棚。

4. 烟粉虱　烟粉虱属同翅目粉虱科小粉虱属，是一个复合种。在国内分布普遍，寄主范围广泛，寄主植物500余种。烟粉虱有多种生物型，在我国暴发成灾的主要是B型烟粉虱。B型烟粉虱取食量大，繁殖力强，寄主范围广，是一种严重危害农作物生产的害虫。

1）危害症状　烟粉虱主要以三种方式危害作物，一是取食植物汁液，引起植物生理异常；二是分泌大量蜜源，污染叶片和果实，引起煤污病，使甜瓜商品性降低；三是传播多种病毒。

2）发生特点　烟粉虱在适宜的条件下一年发生11～15代，世代重叠，每代15～40天。在设施栽培中各种虫态均可越冬，露地条件下以卵或成虫在杂草上越冬。成虫可在植株间短距离扩散，种子调运助其远距离传播，借助风和气流进行长距离迁移。高温干旱条件下发病重。成虫有趋黄性，生长发育适温为21～33℃，低于12℃停止发育，高于40℃死亡。成虫在空气相对湿度低于60%时不产卵或死亡。每雌虫平均产卵66～300粒，产卵量根据温度、寄主植物和地理种群不同而有较大差异。卵多散产于植株中部嫩叶叶背面。

3）防治要点

（1）农业防治　培育无虫苗为关键防治措施，设施栽培中可应用防虫网，阻止粉虱的进入。调节播种期，可避免敏感作物在烟粉虱危害高峰期受害。及时清除残株和熏蒸残存成虫。

（2）生物防治　有条件的地方，可释放丽蚜小蜂。

（3）化学防治　烟粉虱的早期防治极为重要，在粉虱发生初期，合理选用农药仍是重要的手段。可选用 25% 吡蚜酮悬浮剂 2 000～2 500 倍液，或 10% 吡虫啉可湿性粉剂 2 000～3 000 倍液，喷雾防治。

5. 茶黄螨　属蛛形纲蜱螨目跗线螨科。除危害甜瓜外，还危害多种农作物。

1) 危害症状　茶黄螨以成螨、若螨集中在植株幼嫩部分刺吸危害。造成植株畸形。叶片受害，背面呈灰褐色或黄褐色，有油质光泽，叶缘向背面卷曲；嫩茎受害，扭曲畸形，变黄褐色，严重者顶端干枯；花蕾受害，不开花或开畸形花，不能坐果；果实受害，果柄、萼片、果实变黄褐色，木栓化。由于螨体小，肉眼难以识别，常误认为生理病害或病毒病。

2) 发生特点　在北方温室内可周年危害，世代重叠。成螨活跃，有趋嫩性。当取食部位变老时，雄螨携带雌若螨向幼嫩部位迁移。雌若螨在雄螨体上蜕皮 1 次变为成螨后，即与雄螨交配产卵。以两性生殖为主，也能进行孤雌生殖。卵多散产于幼嫩叶背及果实凹洼处。卵和幼螨对湿度要求较高，只有在空气相对湿度 80% 以上时才能孵化和生长。茶黄螨发育繁殖的适宜温度为 16～23℃。因此，温暖多湿的环境有利于茶黄螨的发生。

3) 防治要点

(1) 农业防治　甜瓜收获后，及时清除枯枝落叶，用于高温沤肥。及时铲除田间杂草。培育无螨秧苗，定植前喷药灭螨。

(2) 化学防治　茶黄螨生活周期短，繁殖力强，应注意早期防治。药剂可选用 15% 达螨灵乳油 1 000 倍液，或 5% 噻螨酮乳油 2 000 倍液，或 10% 虫螨腈悬浮剂 1 500 倍液喷雾。喷药重点是植株上部，尤其是嫩叶背面和嫩茎，以及甜瓜的花器和幼果。

6. 蓟马　危害甜瓜的主要有黄蓟马又名瓜蓟马、瓜亮蓟马、棕榈蓟马等，均属缨翅目蓟马科。蓟马属杂食性害虫，寄主范围极广。主要危害瓜类、茄果类和豆类等农作物。

1) 危害症状　成虫和若虫均以刺吸式口器吸食甜瓜的心叶、嫩芽、花及果实汁液，使被害植株嫩芽、嫩叶卷缩，心叶不能张开、生长点萎缩而出现丛生的现象。生长点被害后，常失去光泽，皱缩变黑，不能再抽蔓，甚至死苗。幼瓜受害出现畸形，表面常留有黑褐色疙瘩，瓜形萎缩，出现畸形，生长缓慢，严重时造成落果，对产量和质量影响极大；成瓜受害后，瓜皮粗糙有斑痕，极少茸毛，或带有褐色波纹，或整个瓜皮布满"锈皮"，呈畸形。

2）发生特点　北方每年发生 6 ~ 10 代。主要以成虫、若虫在未收获的葱、洋葱、蒜叶鞘内越冬，少数以伪蛹在残株、杂草及土中越冬。翌春成虫开始活动危害。成虫活跃、善飞、怕光，白天藏于叶背或叶腋处，早晚、阴天或夜里到叶面取食。多在甜瓜嫩梢或幼瓜的毛丛中取食，少数在叶背危害。雌虫可行孤雌生殖，卵散产于茎叶组织中。初孵若虫群集危害，稍大即分散。1 ~ 2 龄是危害时期。2 龄若虫后期转向地下，在表土中经历"前蛹"及蛹期。最后孵化为成虫。4 ~ 5 月危害最重。此虫喜欢温暖干燥的环境，气温 25℃，空气相对湿度 60% 以下，有利于蓟马发生。

3）防治要点

（1）农业防治　清除枯枝残叶，集中销毁。适时栽植，避开危害高峰期。提倡地膜覆盖栽培，减少成虫出土或若虫落土化蛹。

（2）物理防治　采用蓝板诱杀，利用蓟马趋性的特点，在田间设置蓝色粘板，可捕杀蓟马。

（3）生物防治　在棚室内可释放草蛉等天敌进行生物防治。

（4）化学防治　抓住 1 ~ 2 龄若虫危害的有利时机，施药防治。可选用 2.5% 多杀霉素悬浮剂 1 000 倍液，或 5% 氟虫腈悬浮剂 2 000 倍液，或 24.7% 噻虫嗪高效氯氟氰菊酯乳剂 1 500 倍液进行喷雾防治。在生产实践中，常采用 24.7% 噻虫嗪高效氯氟氰菊酯乳剂 1 500 倍液 +5% 虱螨脲悬浮剂 1 500 倍液进行喷雾，不但对甜瓜植株进行喷雾，同时要对地面进行喷雾。

7. 红蜘蛛　又称叶螨，种类有朱砂叶螨、截形叶螨及二点叶螨，均属于蛛形纲蜱螨目叶螨科。

1）危害症状　以若螨或成螨在叶背吸食汁液。瓜叶受害较为常见，叶片形成橘黄色细斑，严重时干枯脱落。

2）发生特点　红蜘蛛每年发生代数与温度、湿度和食料有关，一般为 10 ~ 20 代。在北方以雌成螨在杂草、土缝及枯枝落叶中越冬。翌年春季先在杂草及越冬寄主上取食，再迁移到农作物危害。食料不足时有迁移习性。雌螨产卵于叶背。卵单产。气温 28 ~ 31℃，空气相对湿度 35% ~ 55% 适于繁殖。高温干旱有利于红蜘蛛发生危害。暴雨对其有一定的抑制作用。杂草多的地块发生重。

3）防治要点

（1）农业防治　早春、秋末铲除田边杂草，清除残株枯叶，可消灭越冬虫源。

（2）化学防治　红蜘蛛生活周期较短，繁殖力强，应尽早防治，检查虫情，抓住点片发生时施药防治。药剂防治可喷洒 1.8％ 阿维菌素乳油 2 000 倍液，或 10% 噻螨酮乳油 2 000 倍液，或 73% 炔螨特乳油 1 000～2 000 倍液，或 20% 螨克乳油 2 000 倍液，或 5% 氟虫脲乳油 1 000～1 500 倍液，7～10 天防治 1 次，连续防治 2～3 次。

8. 蝼蛄 蝼蛄俗称土狗子等，属直翅目蝼蛄科，我国常见的是华北蝼蛄和东方蝼蛄两种。华北蝼蛄在我国遍布北纬 32° 以北地区。东方蝼蛄，在中国南部发生较重，近几年北方发生也多。

1）危害症状 蝼蛄成虫、若虫都在土中咬食刚播下的种子和幼芽，或把幼苗的根茎部咬断，被咬处成乱麻状，造成幼苗枯萎死亡。由于蝼蛄活动力强，将表土层钻成许多隧道，使幼苗根部和土壤分离，失水干枯而死，造成缺苗断垄。

2）发生特点 以成虫或若虫在地下越冬，其深度取决于冻土层的深度和地下水位的高低，即在冻土层以下和地下水位以上。翌年 3 月下旬至 4 月上旬，随地温的升高而逐渐上升，到 4 月上中旬即进入表土层活动，该时间是春季调查虫口密度和挖洞灭虫的有利时机。在日光温室或大棚里，温度上升快，蝼蛄提前危害瓜苗。4 月下旬至 5 月上旬，地表出现隧道，标志着蝼蛄已出窝，这时是结合播种拌药和施毒饵的关键时刻。

3）防治要点

（1）药剂拌种 用瓜类种衣剂拌甜瓜种子，对防治蝼蛄效果良好；也可用 50% 辛硫磷乳油拌种，用药量为种子重量的 0.2%。

（2）毒饵诱杀 用药量为饵料的 0.5%～1%，先将饵料（麦麸、豆饼、秕谷、棉籽饼或玉米碎粒等）5 千克炒香，用 90 % 敌百虫晶体 30 倍液拌匀，加水拌潮为度，每亩用毒饵 2 千克左右。

9. 小地老虎 属鳞翅目夜蛾科，别名黑地蚕、切根虫、土蚕，是迁飞性害虫，分布广，食性杂，可危害多种作物的幼苗或幼嫩组织。

1）危害症状 1～3 龄幼虫取食瓜苗嫩尖叶片，3 龄以上幼虫取食新鲜嫩芽嫩叶，常咬断幼苗嫩茎，造成缺苗断垄。

2）发生特点 小地老虎每年发生 4～6 代。成虫昼伏出，有趋光性和趋化性，对糖醋酒混合液趋性强。喜欢在近地面瓜苗叶背、土表或杂草叶片上产卵。幼虫有假死性和自残性，可迁移危害。生长发育适温为 8～32℃，空气相对湿度 80%～90%。当月平均温度超过 25℃，不利于该虫生长发育，羽化成虫迁飞异地繁殖。

3）防治要点

（1）农业防治　翻耕整地时多耕细耙，消灭表土层幼虫和卵块。及时清除田间杂草，减少虫源。发现缺苗时及时搜寻并消灭幼虫。

（2）物理防治　利用成虫趋性，在田间设置电子灭蛾灯、黑光灯或使用糖醋酒混合液诱杀成虫。

（3）毒饵诱杀幼虫　将5千克饵料炒香，与90%敌百虫晶体150克加水拌匀，每亩用1.5～2.5千克撒施。

（4）化学防治　防治3龄前幼虫可选用20%杀灭菊酯乳油2 000倍液，或5%氟虫腈悬浮剂2 000倍液，或1%阿维菌素乳油3 000倍液等喷雾防治。

10. 蛴螬　蛴螬是金龟甲的幼虫，别名白地蚕、白土蚕、核桃虫。成虫通称为金龟甲或金龟子，是鞘翅目金龟甲总科幼虫的总称。按其食性可分为植食性、粪食性、腐食性3类。其中，植食性蛴螬食性广泛，危害多种农作物、经济作物和花卉苗木，喜食刚播种的种子、根、块茎以及幼苗，是世界性的地下害虫，危害很大。

1）危害症状　蛴螬喜食刚播下的种子、根及幼苗，造成缺苗断垄。蛴螬咬食幼苗嫩茎，当植株枯黄而死时，它又转移到别的植株继续危害。此外，因蛴螬造成的伤口还可诱发病害。

2）发生特点　蛴螬发生代数因种因地而异。一般每年发生1代，或2～3年1代。在土壤中生活4～5个月，20～21时进行取食等活动。3龄后在30～40厘米，深土层中越冬。蛴螬有假死和负趋光性，并对未腐熟的粪肥有趋性。蛴螬终生栖居土中，与土壤温度关系密切。当10厘米土温达5℃时开始上升土表，13～18℃时活动最盛，23℃以上则往深土中移动，至秋季土温下降到其活动适宜范围时，再移向土壤上层。

3）防治要点

（1）农业防治　实行水旱轮作。不施未腐熟的有机肥，避免成虫在上产卵。精耕细作，及时镇压土壤，清除田间杂草。发生严重的地区，秋冬翻地可把越冬幼虫翻到地表使其风干、冻死或被天敌捕食，机械杀伤。

（2）药剂处理土壤　用50%辛硫磷乳油200～250克/亩，对水10倍喷于25～30千克细土上拌匀制成毒土，顺垄条施，随即浅锄，或将该毒土撒于种沟或地面，随即耕翻或混入厩肥中施用制成毒土撒施。

（3）毒饵诱杀　用50%辛硫磷乳油50～100克拌麸子等饵料3～4千克，撒于播种沟中，亦可收到良好防治效果。

（4）黑光灯诱杀　有条件地区，可设置黑光灯诱杀成虫，减少蛴螬的发生数量。

（五）甜瓜草害的发生与安全防除

1. 草害的发生种类　甜瓜田杂草的种类很多，主要有灰灰菜、苋、凹头苋、反枝苋、马齿苋、野甜瓜苗、铁苋菜、苍耳、马唐、狗尾草、稗草、牛筋草、画眉、莎草、香附子、野枸杞、节节草等。它们在甜瓜田的发生有两个高峰期；第一个高峰期是直播甜瓜苗出土前，此期的杂草约占甜瓜全生育期杂草总数的60%；第二个高峰期是甜瓜蔓长70厘米时，约占总数的30%。

2. 草害的安全防除

1）化学除草　化学除草剂对杂草的杀除作用非常明显，但由于其施用效果受气候因子、土壤条件、施药方法等多方面因素的影响，而甜瓜本身对除草剂非常敏感，如果在使用过程中稍有不慎，轻者影响除草效果，重者便会产生药害。药害轻者短时影响甜瓜生长，严重者导致大幅度减产，甚至会引起瓜田绝收。因此尽量不使用化学除草剂。有条件者，可先做小面积试验，待试验成功后再使用。

2）农业措施　以农业措施防除杂草是甜瓜田杂草综合防除体系中不可缺少的措施之一。在甜瓜栽培过程中，应该贯穿于每个生产环节。

（1）秋耕　秋耕能有效地接纳冬春季雨水，加快土壤熟化过程，提高土壤肥力，并具有消灭杂草的作用。秋耕能使部分土壤表面的杂草种子较长时间埋入地下，使其当年不能发芽或丧失生活能力，如禾本科杂草马唐的种子，埋入土内5厘米深，5个月完全丧失活力。菊科中的三叶鬼针草，埋入土内5厘米深，1个月内即丧失活力。多年生杂草地下繁殖部分，经过秋耕可以翻到地上冻死或晒死，秋耕比春耕杂草可减少4.5%。

（2）适当深耕　适当深耕可减少表层土壤杂草种子的萌发率，较好地破坏多年生杂草的地下繁殖部分。耕深20厘米、30厘米和50厘米，每平方米有草株数依次为152株、126株和65株，随深耕的增加杂草株数减少。因此，有条件的地方可适当深耕，配合增施肥料，既除草又增产。

（3）施用腐熟农家肥　农家肥中往往带有不少的杂草种子，如不腐熟施用到田间，农家肥中的杂草种子就会得到传播，蔓延危害。农家肥腐熟后，其中的杂草种子经过高温氨化，大部分丧失了生活力，可减轻危害。

（4）轮作换茬　轮作换茬可以从根本上改变杂草的生态环境，有利于改变杂草群体，减少伴随性杂草种群密度，特别是水旱轮作，对杂草的防除效果非常好。

（5）覆盖碎草　利用碎草、麦糠等覆盖甜瓜田地面，既有良好的除草效果，又能起到保水增肥作用。

（6）田间中耕或拔除　甜瓜封垄前进行中耕，封垄后人工拔除。

（六）除草剂残毒与飘移对甜瓜的影响及防除

1. 受害原因

1）土壤残留

（1）施用时期晚造成残留　上茬作物施用除草剂时期较晚，造成土壤残留。如小麦田3月中旬以后施用苯磺隆类除草剂，虽用量不多，但也会对下茬甜瓜造成影响。

（2）上茬施用量过大造成残留　如在小麦田用杜邦巨星除草时，亩用量超过1.5克时，虽对小麦无影响，但会使下茬甜瓜不出苗，出苗后不长或死亡。

2）空气污染　华北地区夏播玉米田，近几年使用除草剂的面积逐年加大，农田大面积施用除草剂后，这些药剂除其本身具有一定的挥发作用外，还受风力、空气蒸腾拉力的影响，向空气中飘浮，造成空气污染。当这些药剂飘浮于空中一定时间后，又受风力、地心引力、降水、空气拉力等因素的影响，颗粒愈积愈大，一旦空气不能承受时，便又回落到地面。落到甜瓜植株叶子上的药剂达到一定量时，就会产生毒害。

2. 受害机制
由于甜瓜的根系和叶片是吸收营养物质的主要器官，其叶片除生有大量的气孔外，叶尖和叶缘还生有分泌水分的水孔，空气中的有毒物质可通过水孔进入叶片内部，甜瓜的根系和叶片在吸收养分的同时，只要土壤和空气中含有有毒物质，就会同时被吸收。因此，上茬作物如果施用除草剂浓度及数量过大，或施用时期过晚，就会造成土壤污染，对下茬甜瓜产生影响。

甜瓜生长期内，别的田块和作物施用除草剂后，造成空气污染时，也可使其受害。

3. 危害时期与症状

1）危害时期　甜瓜出苗或定植后10～20天，每年6月中下旬，华北地区夏玉米田大量施用除草剂的时期是甜瓜的受害时期。

2）症状　表现受害严重的部位主要是幼叶、幼芽或顶心，其症状表现为：

（1）收缩、干枯、坏死　有害物质经气孔或水孔进入叶片后，破坏了叶片内的叶绿体和叶肉组织，使海绵组织发生崩溃，形成一些不规则的空隙；栅栏组织收缩、扭曲、变形，叶片受害处因失水而收缩变薄，于是在叶片上出现了形态、色泽不同的褪绿斑，最后干枯坏死。

（2）腐烂　叶子边缘和叶尖具有水孔和气孔，当空气中除草剂大量存在时，可通过水孔或气孔侵入叶片，受叶片本身排异功能的影响，这些物质被排挤到叶尖和叶缘的水孔处，引起局部腐烂，如受玉米田飘移除草剂或空气污染危害会引起叶片烂边，叶尖腐烂。

4. 防治策略

1）科学用药　适时适量施用除草剂，防止造成残留毒害。

2）避灾种植　调整作物布局与茬口，尽量在每年6月以前使易于受害的甜瓜幼苗苗期避开除草剂施用期。田间观察证明，甜瓜成株期抗除草剂的能力较强，如一些地方种植的麦套甜瓜受害很重，而接近成熟的甜瓜受害较轻。因此，建议播期提前或错后，进行避灾种植。

3）搞好栽培管理

（1）加强管理　在农田大面积施用除草剂的6月，瓜田要及时浇水、追肥，喷洒植物生长调节剂，促进甜瓜生长发育。

（2）人为保护　在6月育的瓜苗，夜晚降露水前用农膜或其他覆盖物覆盖，可明显降低除草剂的危害程度。原因可能是除草剂夜间降落于地面较多，作物叶片湿润时易发挥药效。

4）喷叶面保护剂　在农田除草剂使用前1～2天，对易受害的茎叶喷洒生物膜，每3～5天喷1次，直至大田除草剂停用7～10天。第一次、第二次喷洒生物膜时注意要全田全株叶片的正、反两面喷匀、喷透，第三次以后只喷茎尖、幼嫩叶子。

5）喷防护剂　实践证明，在甜瓜受除草剂危害初期，每亩用蜂蜜250克加红糖1千克、1∶30鲜豆浆50千克、味素15克，每5～7天喷1次，连喷3次，缓解除草剂危害的效果明显。另外，在受害前，每5～7天喷1次1∶0.5∶100的波尔多液，也可缓解除草剂毒害。

6）喷施植物生长调节剂　甜瓜受害后，及时用细胞分裂素500倍液、赤霉素20毫克/千克，碧护1 500倍液，萘乙酸10 000倍液，爱多收6 000倍液，三十烷醇3 000倍液，氨基复合微肥1 000倍液等进行茎叶喷雾或灌根。

7）喷施解毒剂　在除草剂大量使用前期或初期，用美它命喷雾茎叶进行保护和防治。美它命与植株表皮的角质层具有高度亲和性，可以在植株表面形成保护层，防止除草剂进入和解除部分除草剂品种的毒害。

（七）甜瓜用药特别提示

1. 易对甜瓜产生药害的农药　有些农药对甜瓜生产有药害，不能使用。

1）辛硫磷　甜瓜苗床每亩使用 3.8 克辛硫磷，或者按 2 000 倍液以下的稀释液喷雾，均可造成严重药害。每亩用 50% 辛硫磷乳油 50 克伤苗率高达 100%。症状为瓜苗颜色浓绿，上有白色受害点，老叶片加厚变脆，心叶叶缘变白，下胚轴出现黄白色环状缢缩，脆而易折，蔓尖直立，硬脆，节间变短，生长缓慢，严重时立枯而死。

2）双效菊酯　每亩用 20% 双效菊酯 74 克就可造成严重药害，症状是叶色变绿，叶缘向上卷曲，全株脆而易折，生长极为缓慢，或者不生长，中午阳光强烈时，稍有萎蔫。

3）含氯制剂　瓜苗一接触到含氯制剂即产生药害。2 天后全叶发黄，严重时黄枯而死。

4）20% 杀灭菊酯　每亩用药 18 毫升，进行喷雾就能使瓜苗产生药害。杀灭菊酯低剂量时，可使叶片出现白色斑纹，高剂量时使嫩叶白化。

5）敌百虫　400 倍液用于浸种、灌根时就可造成药害。发芽前受到药害，种子不能发芽。发芽后受到药害，芽苗生长缓慢或者停止生长，芽根变粗，脆而易折，叶片接触到药剂可出现烧灼斑点。

6）啶虫脒　瓜苗 5 叶后喷 25% 啶虫脒乳油 500 倍液，就会造成嫩叶白化，叶皱变小，苗床使用杀虫脒则会产生死苗。

7）链霉素　用于拌种，出苗率会降低 30%，幼苗金黄色，久不变绿。

8）硫酸铜、代森锌和 25% 粉锈宁　代森锌使用浓度不能大于 500 倍液；硫酸铜不能大于 1%；25% 粉锈宁可湿性粉剂每亩每次不能多于 70 克，而且开花后不能使用，否则会增加幼果落黄的趋势。

2. 尽量不用或少用农药　甜瓜是生食水果，多用农药，必有一部分残留，影响人们的身体健康。使用农药后，会杀死天敌，影响生态平衡。

我国科技工作者经过多年努力，摸索了一些不用或少用农药的方法：

1）多法并举应用多种栽培管理措施　应用多种栽培管理措施，有目的地改变环境条件，使之有利于甜瓜的生长发育，而不利于病虫的发生和发展，从而使甜瓜免受或减轻病虫的危害。

2）农业防治　选用抗病虫品种。轮作换茬，减少病虫的密度。冬季深翻，冻死土中病菌和害虫；清洁瓜园，清除病虫源；合理施肥浇水，加强田间管理，使甜瓜生长健壮，提高抗病虫能力。

3）防治效果和产品安全兼顾　甜瓜发生病虫害时，应注意到防治效果和产品安全两方面。

（1）治早　病虫害在普遍发生之前，一般在田间部分植株上危害，如甜瓜病毒病、白粉病先在个别生长衰弱的植株上发病。一旦发现病株，应及时用药，使病虫害消灭在初发阶段，防止扩大蔓延，既节约农药，又保护天敌。

（2）轮换用药　经常使用同一种农药防治同一种病虫害，会增加病虫害对农药的抗性，降低防治效果。轮换交替使用农药，就可避免病虫害的抗药性。

（3）安全用药　甜瓜生育期较短，又是直接食用鲜果，不能使甜瓜产品有超标准残毒，禁止使用残留药效长和毒性大的农药，严格遵守国家无公害甜瓜生产用药技术标准。

十、甜瓜遭遇灾害性天气前后的防治策略

甜瓜栽培中，除受病、虫、草、鼠的危害外，还会遇到霜冻、干旱、水涝和冰雹等自然灾害。这些自然灾害不以人们的意志为转移，但随着社会的发展和人类抗拒灾害能力的提高，采取积极主动措施，可以预防和减轻危害程度。

（一）露地栽培

1. 霜冻 甜瓜露地定植时，各地根据当地气候条件和多年积累的经验，结合天气预报，一般都在稳定地通过终霜期且地温稳定通过15℃时进行，如河南郑州一般在4月20日前后，地膜覆盖栽培则可提前3~5天。但也有特殊情况，偶尔出现霜冻现象。轻霜冻时间暂短，一般对锻炼好的强壮幼苗不会造成大的危害；但0℃以下的低温时间超过3小时，危害极大。应做好防霜冻准备，一般有以下几种方法：

1）覆盖法 将地膜、薄无纺布（40克/米²）、棚膜、厚无纺布（50克/米²）轻轻贴苗畦盖上，在两端畦埂上用泥、泥块或砖等重物压住。地膜、薄无纺布可防御0℃低温，棚膜、厚无纺布覆盖，一般 –1.5~–1℃ 低温可安全避过，–2℃以下低温，个别贴紧塑料薄膜处嫩叶会受冻害，但不会有大的冻伤。

2）灌水法 霜冻来临之前灌1次水。通过灌水，一方面增加土壤湿度，增大土壤热容量和导热率，使夜间土温下降缓和；另一方面利用灌水后，瓜田上空空气中的水汽凝结于植物体上，放出凝结潜热，抵消植物体的热损失，从而缓和植株体温的下降。实践证明，在夜间形成霜冻时，如空气湿度增加，由于减小了植株的蒸腾作用，植物体的热量损失减少，从而起到保温的作用。灌水后一般能躲过0℃的霜冻危害，特别是灌深井水效果更好。

3）补救 如果大的寒流造成冻害发生，使甜瓜秧苗全部冻死，有后备秧苗可

重新定植，也可改种其他蔬菜。轻度冻害可加强管理，及时中耕、追肥、灌水、施用生根、生叶激素，一般可以较快恢复。

2. 干旱

1）运水点浇　有些地方旱地种甜瓜，定植后较长时间不下雨，或膨果期遇旱，或水浇地灌溉机械出现了故障，一时维修不好，应从别的地方运水点穴浇灌。

2）中耕保墒　由于中耕能切断或减弱土层的毛细管联系，使下层土壤水分向上输送减少，对土表蒸发的水分供应减弱，表土变干后，蒸发耗热减少，表层温度增高，土壤水分降低，而下层则温度降低、湿度增大，有保墒效应。甜瓜苗期可采取该法抗旱。

3. 水涝　甜瓜一般积水 10 小时左右会逐渐死亡。防涝的方法除采用高垄（畦）栽培外，也要在下水头挖沟排除积水。一般平畦栽培要做到"两灌一排"，即两段地块之间，从两头灌水，中间挖一条深 60 厘米以上的排水沟。暴雨时将垄（畦）端田埂掘开，让水流入排水沟内，再通过大排水沟排出，万一无排水设施，也应立即人工排出或用抽水机排出。

4. 冰雹　华北地区春季和秋季栽培的甜瓜，在 5～8 月都可能会遭遇冰雹的危害，严重时会将植株打碎造成绝产，其危害大体有 2 种类型。

1）甜瓜坐瓜前遇到的雹灾　一般前半期遇轻度雹灾影响较小；中度雹灾叶片大部被打碎，但仍有半叶或碎叶，大部分生长点被打断，有的只剩叶柄和侧芽。天晴后应先粗中耕 1 次，土壤干爽后再细锄几次，然后再每亩追施尿素 8～10 千克，灌小水，促使侧芽尽快萌发生长，并继续多中耕，加强管理，一般可获得较好的收成。如能在施肥时加入生根促长的激素，对灾后快速恢复，效果明显。

2）甜瓜坐瓜后遇到的雹灾　如结果初期遇到轻度或中度雹灾，可加强管理，争取有较好的收成。如结果后期遇到中度或重度雹灾，就只有改种其他作物，因为以后气温逐渐升高或降低，环境条件已不利于甜瓜的生长，管理的成效不显著。

（二）保护地栽培

保护地栽培虽可采取人工调控环境，但若外界环境急剧变化，也会造成保护设施损坏，或使棚室内出现不适宜的环境，致使甜瓜生长受到影响，甚至遭受严重的损失。灾害性天气主要有大风、暴风雪、寒流强降温、连续阴天久阴骤晴和冰雹灾害等。针对灾害性天气首先要注意天气预报，及时做好各项防灾准备工作，做到防患于未然，在灾害性天气来临后要采取积极的措施降低损失。

1. 大风天气 在我国北方冬春季多大风，尤其是近几年春季沙尘暴有增无减，对保护地造成了很大的危害，遇到 8 级以上的大风天气时，白天往往会出现塑料薄膜鼓起落下、上下摔打的现象，易使塑料薄膜破损，或将压膜线撑断，塑料薄膜被揭开，使作物受损。夜间大风常把草苫吹乱，使塑料薄膜暴露，造成作物冻害。

遇到这种情况，应经常收听天气预报，并及早采取防范措施，如拉紧压膜线、夜间固定草苫、白天及时放下草苫并压紧等。

2. 暴风雪、雨天气 一般雪天，如温度不很低，可在中午把草苫卷起，让保护设施内见一部分散射光；如遇暴风雪天气，不能卷草苫，还需在草苫上盖苫布，以免草苫湿透影响保温；同时也应及时清除棚膜上的积雪，以免大雪压塌前屋面，或积雪融化，浸湿草苫，导致草苫结冰，影响保温效果。短时出太阳时，可开小风口放风，夜间覆盖保温。

3. 寒流强降温天气 冬春季节若发生寒流强降温，外界气温会急剧下降到 -10℃以下。此时揭开草苫，易导致室内温度急剧下降，使保护地内的作物遭受冻害。所以在建棚时就要从结构上加强保温，在植株生长前期采用多层覆盖，若棚内温度长时间低于 12℃，可临时加盖纸被、草苫、无纺布等，或设法临时短期加温。

离棚室前沿底角 20 ~ 30 厘米处点燃蜡烛（1 米 1 支）可防急骤降温导致的冻害。

一旦发生冻害，应在清晨往植株上喷洒温水，以利于缓冻，同时要覆盖草苫形成花阴，防止光线直照使温度上升过快而加剧冻害。严重时可在进行叶面喷水时，加入葡萄糖液＋农用链霉素进行叶面喷雾，以杀死冰点细菌。

晴天的情况下，白天可于中午短时揭开草苫见光升温。

4. 连续阴天天气 连续阴天，室内热量得不到很好补充，蓄热量减少，棚内总体温度偏低，常处于作物生长适宜温度的下限或偏低，影响作物光合作用及其正常生长。

一般情况下，在温度不很低时，应揭开草苫，阴天的散射光仍能使棚温上升5 ~ 7℃，且有时的光强也在作物光补偿点以上，因此连阴天也要及时揭开草苫见光。主要是抓住中午短暂的温度较高的时段揭开草苫，或随揭随放，让甜瓜在短时间内见光。

情况严重时，可采取提前扣棚，使墙体、地面尽量储热；增施有机肥，靠微生物旺盛分解有机物而增温；后墙内侧张挂反光幕；人工临时加温或补光等措施。

在阴雨天到来时，尽量多采果，以利低温条件下植株的营养生长。在中午进行短时间放风，放出有害气体，少喷药、不浇水以降湿保温，并使用烟熏剂及时预防病害。

5. 久阴骤晴天气 冬春季节，由于受到灾害天气的影响，常连续几天不能揭草苫，特别是甜瓜的叶片较大，天气转晴揭草苫后常出现植株萎蔫情况，严重时不能恢复而枯死。原因是长时间阴雨，保护地内地温低，根系活动微弱，吸收能力低，天晴后气温回升快，蒸腾量大，根部吸水满足不了地上蒸腾的水分消耗，从而出现萎蔫，此时应注意观察，发现萎蔫及时回苫，直至叶片完全恢复为止。

选用耐寒、耐弱光品种，培育壮苗，嫁接换根等，均可对久阴骤晴的不良天气，产生积极作用。

6. 冰雹灾害天气 夏秋季节的冰雹灾害，易把棚室薄膜砸出孔洞。

应经常收听天气预报，及时盖草苫，或在棚膜上面20~30厘米处覆盖遮阳网进行防御。

十一、甜瓜采后处理与销售对策

（一）甜瓜采后处理技术

1. 适时采收　甜瓜是以鲜食为主的作物，采收时间较为严格，如果采收过早，果实成熟度差，果实含糖量低，香味差，甚至部分甜瓜品种还有苦味，造成商品率下降，因此，适时采收是保证甜瓜口感的关键。不论甜瓜什么品种，都需要准确判断果实的成熟度，一般成熟度的标准如下：

甜瓜成熟后表现出该品种固有的特点，如外观色泽、网纹颜色、香气、甜度等，成熟的瓜一般表现为果皮光泽度好，花皮类果实表现为花纹清晰，网纹类果实表现出网纹突出，硬化度好，本身有香味的品种成熟后香味浓郁，部分落蒂的品种果蒂开始脱落。

为保证采收充分成熟的瓜，可根据品种特征特性及栽培季节进行标记。一般是将授粉时间挂到授粉瓜的瓜柄或枝条上，根据该品种的果树发育时间，确定该瓜的成熟度。甜瓜采收时应轻采轻放，及时用软纸把瓜面的上水珠或污物擦干净。厚皮甜瓜一般用剪刀将瓜柄剪成"T"形，不要弄断瓜柄。

2. 分级、包装、运输

1）分级　甜瓜的销售是按照甜瓜商品质量进行分级。甜瓜分级是在甜瓜标准化生产基础上实施的。合理地分级可以督促种植户和销售商提高质量，限制劣质瓜进入高端市场，实行优质优价；维护种植户及销售商的信誉，保护消费者的利益，达到"三赢"局面；使甜瓜生产、销售进入良性循环，为甜瓜产业健康发展注入可持续的动能。

目前，由于甜瓜的种类繁多，生产栽培方式多样，为甜瓜标准化生产带来一定的难度；同时生产的无序化问题也比较突出，市场上尚缺乏统一的分级标准，只是某家企业制定企业标准，造成了销售的话语权主要掌握在甜瓜收购商手中，且随意性较大。因此，要转变这样的局面，需要甜瓜生产基地的合作社或甜瓜行业协会组织，根据当地甜瓜某一种或同类型的品种制定标准，从而引导甜瓜生产和销售。

2）包装 甜瓜按照销售标准采收后，一般采用单瓜包装，用无纺布或卫生纸包装，然后装入纸箱中，要轻拿轻放，包装箱要有一定的硬度，便于在运输中保护好甜瓜。同时要求抗压、透气、耐搬运，而且箱体要标注产品标准及合格证。

3）运输 随着物流产业的发展，甜瓜产品从传统的区域生产就近销售逐渐转变为充分利用自然条件的集约化、专业化基地生产，产品进行全国销售，甚至出口国外市场，因而，运输的重要性越发突出。

甜瓜作为鲜食果品，是具有生命的商品，在运输过程中进行各种生命活动，特别是呼吸作用。各种病原体微生物随时都有可能侵染而导致甜瓜腐烂。因此，运输时要求速度快、时间短，尽量减少运输过程中不利因素对产品的影响。

（二）甜瓜产销特点

1. 周年供应 甜瓜在生产过程中，利用各类设施进行生产，同时，利用我国南北地区差异化，因时因地进行合理安排生产，做到产品的周年供应。特别是近几年海南甜瓜的快速发展，一年中可种植4茬，几乎填补了我国12月至翌年4月甜瓜产品的空白。

2. 甜瓜标准化生产技术不断提高 随着甜瓜产业的发展，甜瓜新品种新技术的不断更新，设施栽培方式的多样化，肥水药一体化、多茬次留瓜等技术充分利用，甜瓜的产量、质量水平不断提高，生产效益保持稳定。特别是标准化生产技术的提高和运用，极大地促进了甜瓜产业的健康发展。

3. 甜瓜成熟的销售模式促进了甜瓜品种的更新 目前，我国甜瓜市场已由数量型向质量型转变，这种变化显著地促进了生产者的种植品种及方向。形成了以消费市场为导向，引导了种植者对甜瓜品种的选择及栽培茬口的安排，进而推进了甜瓜品种育种及栽培技术的更新。

4. 甜瓜生产特色化、规模化、专业化得到快速发展 甜瓜产业的快速发展，有力地促进了甜瓜生产特色化、规模化、专业化的发展，涌现了一大批规模化、专业化的甜瓜特色生产基地，如河南省兰考县的春秋厚皮甜瓜生产基地、内黄县的早春薄皮甜瓜生产基地等。

5. 甜瓜收购模式的更新有力地促进了甜瓜生产的发展　目前，我国甜瓜生产区域化、规模化、专业化基本形成，同时甜瓜标准化也逐步被广大生产者接受，促进了甜瓜收购方式的更新。在甜瓜生产基地，甜瓜销售不再是瓜农采收后拉到市场上进行销售的模式，而是由甜瓜经纪人到基地查看后，根据甜瓜产品情况，确定销售价格和采收时间。在甜瓜生产过程中，订单生产越来越被种植者、销售者接受，"销售公司＋合作社"的模式得到有力地推动，形成了"五统一"的种植销售模式，即种苗统一化、种植统一化、管理统一化、包装统一化、销售统一化。这样，种—管—销一体化形成利益共同体，使甜瓜产业得到了健康发展。

十二、新技术在甜瓜高效生产中的应用

（一）新型肥料在甜瓜栽培中的应用

新型肥料作为新开发的产品，它的发展速度和前景相当广泛。目前，市场上存在着多种新型肥料，主要包括稳定性肥料、缓释和控释肥料、聚氨酸类肥料、多功能肥料、商品化有机肥和生物肥料等。

1. 微生物菌肥在甜瓜栽培中的应用

1）微生物菌肥概念及发展前景　微生物菌肥是以微生物生命活动导致农作物得到特定的肥料效应，达到促进农作物生长、产量增加或质量提高的一类制品。

微生物菌肥在农业上的作用已逐渐被人们所认识。现国际上已有70多个国家生产、应用和推广微生物菌肥，我国目前有多家企业年产数十万吨微生物菌肥应用于生产。这虽与同期化肥产量和用量不能相比，但确已开始在农业生产中发挥作用，取得了一定的经济效益和社会效益，已初步形成正规工业化生产阶段。随着研究的深入和应用的需要不断扩大，微生物菌肥现已形成由豆科作物接种剂向非豆科作物肥料转化；由单一接种剂向复合生物肥转化；由单一菌种向复合菌种转化；由单一功能向多功能转化；由用无芽孢菌种生产向用有芽孢菌种生产转化等趋势。

2）微生物菌肥的作用

（1）土壤的"造就师"　微生物菌肥料中的有益微生物能产生糖类物质，与植物根系分泌物、矿物胚体和有机胶体结合在一起，可以改善土壤团粒结构，有效打破土壤板结，促进土壤团粒结构的形成，并能改善土壤的通气状况，促进有机质、腐殖酸和腐殖质的生成。

（2）土壤的"养分转换师" 微生物在土壤中物质和能量的输入、输出中扮演着非常重要的角色，是物质循环链上的重要环节。它能够活化土壤中有机与无机养分，分解有机物，释放养分，增加养分的有效性。

（3）土壤的"清洁师" 微生物在其繁殖和代谢过程中，可以降解土壤中残留的化肥、有机农药、重金属和其他污染物等，在其理化反应中对上述污染物质进行分解、转化、固定、转移，把它们分解成低害甚至无害的物质，从而降低土壤污染的程度。

（4）土壤的"治疗师" 土壤中的微生物，如抗生性微生物，它们能够分泌抗生素，抑制病原微生物的繁殖，这样就可以防治和减少土壤中土传病害微生物对作物根系的危害，促进作物根系健康生长，进而提高作物产量和品质。对土壤进行"解毒"和"保健"，调控和维护土壤的健康质量。

（5）土壤的"营养师" 微生物菌肥料具有解磷、解钾、固氮的作用，促进土壤中微量元素的释放及螯合，可提高肥料利用率10%～30%。在一定的条件下，还能参与腐殖质形成，有利于提高土壤肥力。

由此可见，土壤中增施微生物菌肥可以显著增加作物的产量，改善作物品质，减轻病害药害，改良土壤结构，有利于土壤团粒结构的形成，起到疏松土壤、消除土壤板结、改善土壤结构的作用。

3）微生物菌肥的种类 目前，我国微生物菌肥的种类主要有3类，分别是农业微生物菌剂、生物有机肥、复合微生物肥。

（1）农业微生物菌剂 其本身不含营养元素，而是以微生物生命活动的产物改善作物的营养条件，活化土壤潜在肥力，刺激作物生长，抵抗作物病虫危害，从而提高作物产量和质量，如大豆根瘤菌、生物磷肥、生物钾肥、抗病与刺激作物生长的菌剂等。

（2）生物有机肥 是有机固体废物（包括有机垃圾、秸秆、畜禽粪便、饼粕、农副产品和食品加工产生的固体废物）经生物肥菌种发酵、除臭和完全腐熟后加工而成的有机肥料。

（3）复合微生物肥 是指特定微生物菌剂与营养物质复合而成的肥料制品。既含有作物所需的营养元素，又含有益微生物；既有速效性，也有缓效性，可以代替化肥供农作物生长发育，如目前市场销售的复合微生物肥料，代表着目前肥料发展方向，具有广阔的发展潜力。

4）微生物菌肥施用方法及注意事项

（1）育苗时施用　在育苗时施用，微生物菌肥可通过与育苗基质混拌或采用水稀释液喷洒幼苗等方式施入。一般在幼苗出土后用500克微生物菌肥对水100千克，加2千克红砂糖，浸泡4~6小时，过滤后喷洒幼苗即可。可有效地刺激幼苗的生长，促进叶色更绿，叶片饱满，根系健壮发达，达到苗齐、苗壮。在用微生物菌肥进行叶片喷雾时，一定要注意不要和一些杀菌剂进行混配，以防菌肥失效；安全间隔期为3~5天。

（2）定植前施用　定植前用500克微生物菌肥对30~40千克水，加1千克红砂糖，浸泡10小时以上，将穴盘苗放进溶液中蘸根后再定植，可有效地促进幼苗新根生长，促进幼苗快速成活，减少缓苗时间。

（3）定植后施用　将上述浓度配比的菌肥在甜瓜果实膨大中期、果实色期随水肥冲施或稀释后叶片喷洒2~3次，即可使甜瓜植株生长旺盛，茎粗、株高增加明显且根系发达，同时有效地增加植株的抗病抗逆性，增加果实含糖量，改善果实口感、风味品质。

（4）施用微生物菌肥注意事项　想让微生物菌肥达到良好的效果，必须保证菌体为活体状态，并且不断进行繁殖。施用微生物菌肥时应该注意以下几点。

①某些有益微生物怕强光。有益微生物产品无论是存储还是使用，都不能暴露在强光之下，这是因为阳光中的紫外线对有益微生物产品当中的细菌等有很强的杀灭作用。

②有益微生物存活离不开食物和水分。有益微生物的食物当然是土壤有机质。有益微生物生存扩展有相当严格的土壤干湿度要求，其繁殖尤其是细菌的繁殖离不开水分，所以土壤要保持一定的湿度才能利于有益微生物的繁殖扩增，但是要注意土壤不能太湿，如果土壤太湿就会把其中的氧气挤掉，也会对有益微生物的生长不利。

③土壤酸碱度对有益微生物影响也很大。由于对化学肥料的过分依赖，特别是设施栽培多年多茬口进行种植，现在不少土地的土壤的理化性状都出现了不同程度的恶化，如缺乏有机质、盐分过高、pH偏酸或偏碱等，这些都不利于有益微生物的生存和繁殖。如果土壤环境不好，即使用再好的微生物菌肥也不会产生好的效果。所以要注意调节土壤的理化性状，把土壤的pH调整到6.5~7.5，微生物菌肥才能发挥效果。

2. 酵素菌在甜瓜生产中的应用

1）酵素菌的概念　酵素菌是由细菌、放线菌和真菌三大类，几十种菌和酶组成的有益生物活性的功能团。它不仅能分解农作物秸秆等各种有机质，而且能分解土壤中残留的化肥、农药等化学成分，还能分解沸石、页岩等矿物质，它在分解发酵过程中能生成多种维生素、核酸、菌体蛋白等发酵生成物，营养价值相当丰富。应用酵素菌技术制作的肥料，其有益微生物能够杀死土壤中的病原菌，可全面改良土壤，达到土质松软、透气、保水、保肥、抗旱、耐涝，提高地温和地力，克服农作物重茬病，有效控制病虫害，稳定增加产量，并能极大改善农产品的品质和口感。施用该肥料，蔬菜大棚的地温可提高 2~3℃，产量提高 30% 以上，果实成熟期提前7~10 天，瓜果含糖量提高 2~3 度，能创造较好的经济效益。

2）酵素菌的主要成分

（1）活菌　主要有固氮菌、解磷菌、解钾菌、酵母菌、放线菌、真菌以及多种对植物有益的菌群。

（2）生命物质　微生物发酵过程中产生的生命物质，现已测出 17 种氨基酸，33种游离氨基酸，12 种脂肪酸以及多种酶、生物激素类物质等。其中酶在生命活动中起着非常重要的作用，没有这些酶，植物就不能生长。

（3）含有 6 种非金属元素和 20 种金属元素　它们都和动植物的生长密切相关。其中碳、氢、氮、磷、钾、钙、镁、硫、铁、锰、铜、锌、钼、钴、氯、硫为植物生长必需的营养元素。其中的有机质可解决土壤板结和盐碱化问题。

3）酵素菌的作用机制

（1）产生生物激素刺激作物生长　酵素菌中的微生物，无论在其发酵过程（所谓"发酵"，实际上可形象地理解为微生物的自身繁殖过程），还是在土壤内的生命活动过程中，均会产生大量的赤霉素和细胞激素类等物质，这些物质在与植物根系接触后，能调节作物的新陈代谢，刺激作物的生长，从而使作物产生增产效果。

（2）大量有益菌能"以正压邪"，减轻病害　酵素菌中的微生物在植物根部大量生长、繁殖，从而形成优势菌群，优势菌群形成局部优势，就能抑制和减少病原菌的入侵和繁殖机会，起到了减轻作物病害的功效。

（3）有益菌刺激有机质释放营养　大量的有机质通过有益微生物活动后，可不断释放出植物生长所需的营养元素，达到肥效持久的目的。

（4）能松土保肥、改善环境　丰富的有机质可以改良土壤物理性状，改善土壤团粒结构，从而使土壤疏松，减少土壤板结，有利于保水、保肥、通气和促进根系发育，为农作物提供适合的微生态生长环境。

4）酵素菌的施用方法

（1）分类施用　取材方便，制法简单的酵素菌发酵秸秆堆肥（以下简称堆肥）和土曲子（又叫普通粒状肥，以下简称普粒）用于大田作物、果树、蔬菜作基肥。高级粒状肥（简称高粒）、磷酸粒状肥（简称磷粒）属于高效精肥，用作果树、蔬菜基肥，也可作追肥。堆肥亩用量 500~1 000 千克；粒状肥每亩 100~200 千克。液体酵素菌肥用于蔬菜，定植时结合灌水将肥液施入，追肥时稀释 80~100 倍液。叶面喷肥（又叫黑沙糖农药）稀释 100 倍液喷洒叶面。

施用堆肥和各种粒状肥时，要注意随运随用，严防日晒和风干。喷洒叶面肥时间，露地和大棚施用，一般选择晴好天气，尽量避免雨天或降雨前后。露地栽培，阴天也可，从早到晚在夜露出现之前结束。但要避开中午高温，一般在 10 时以前和 14 时之后。

大棚蔬菜喷洒时间，低温季节，宜在白天作业，日落前 2 小时结束。

（2）配合施用　为了提高肥效，可将几种酵素菌肥配合使用。如水田、旱田施用堆肥 + 土曲子作基肥；果、蔬类施用堆肥 + 高粒 + 磷粒 + 土曲子作基肥。蔬菜定植时随着栽苗，施绿肥，促进生根缓苗。生育期中喷洒叶面肥，促进生长发育。

（3）混合施用　作基肥用的酵素菌发酵堆肥和多种粒状肥，施用前先要混合。施用时再和土壤混合，使之尽量减少与种苗接触机会，避免发生肥害。尤其是磷酸粒状肥烧性大，施用时更应注意。

（4）对症施　如水果、蔬菜和水稻育苗时为了壮苗，营养土要加入 1%~2% 的土曲子；连作大棚蔬菜施用土曲子可减轻病害；苗期（播种、栽苗、插条后）和果期灌施；叶面喷施酵素液有改善作物品质、防治病虫的效果。

（5）连续施用　连续施用酵素菌类肥料能壮大土壤中酵素菌有益微生物群体，改善土壤结构，提高土壤肥力，以满足作物生长的需要。

（6）覆盖施用　施用酵素菌肥再覆盖地膜，比裸地栽培增产效果更高。玉米地膜覆盖施用酵素菌肥试验结果表明，施用堆肥 + 尿素，覆膜处理，分别比裸地增产36.0%、18.9%。地膜覆盖土壤，水、肥、气、热协调，发挥了酵素菌肥最大增产效应。

（7）兼用施用　酵素菌发酵秸秆可作肥料，其发酵热还可用来育苗（作苗床垫底），床上温度稳定 30~40℃ 长达 30 天。在大棚里搞堆肥，放出二氧化碳，增加空气中二氧化碳浓度，又是很好的"气肥"。

5）酵素菌施用注意事项

（1）选择质量合格的菌肥，过期的不能用　菌肥必须保存在低温（最适温度4~10℃）、阴凉、通风、避光处，以免失效。不可以贪图便宜选择过期产品，这样的生物菌含量很少，失去功效，一般超过2年的微生物菌肥要慎重选择。

（2）根据菌种特性，选择使用方法　可用方法有撒施、沟施、穴施，也可以撒施一部分，剩余部分可以穴施效果更佳。不建议冲施微生物菌肥，这样效果不佳，但是可以灌根，主要针对液体微生物菌肥。

（3）不能与农药、化肥混用　施用过程中应避免阳光直射，尽量减少微生物死亡；蘸根时加水要适量，使根系完全吸附。蘸根后要及时定植、覆土，且不可与农药、化肥混合施用，特别是现在很多菜农为防治根茎部病害，使用农药灌根，如多菌灵、噁霉灵、硫酸铜等药剂，虽然真菌、细菌都能防治，但对菌肥中的有益菌也有杀灭作用，所以使用菌肥后不能再用农药灌根。

（4）为生物菌提供良好的繁殖环境　菌肥中的菌种只有经过大量繁殖，在土壤中形成规模后才能有效体现出菌肥的功能，为了让菌种尽快繁殖，就要给其提供合适的环境。

（5）生物菌不宜与氮磷钾大量元素肥料共同使用　生物菌适合与有机质共同使用，但是与氮磷钾等复合肥料共用，能杀死部分微生物菌，降低肥效。

3. 海藻肥在甜瓜栽培中的应用

1）海藻肥的概念　海藻肥料一般是以在海洋中生长的大型藻类为原料，通过化学的或物理的或生物的等方法，提取海藻中的有效成分制成的肥料。

2）海藻肥的作用

（1）调控作物　由于生长在海洋环境中，海藻含有大量陆地植物不可比拟的特殊成分。这些生理活性物质具有提高种子发芽率和幼苗活力、提高根系活力、提高坐果率、促进养分吸收和利用、增强作物抗逆境能力等作用。海藻酸可以降低水的表面张力，在植物表面形成一层薄膜，增大接触面积，使水溶性物质容易透过茎叶表面细胞膜进入植物细胞，植物能有效吸收海藻提取液中的营养成分。海藻多糖及低聚糖、甘露醇、酚类多聚化合物、甜菜碱、海藻酸及天然抗生素等物质，具有显著的抑菌抗病毒、驱虫效果，增强作物抗寒、抗旱、抗病、抗倒伏、抗盐碱能力，对疫病、病毒病、炭疽病、霜霉病、灰霉病、白粉病病、枯萎病等能够产生较强抗性。

（2）调控土壤　海藻肥是天然土壤调理剂，一是可直接增加土壤有机质，激活各种有益微生物，改善土壤微生态环境，培肥地力；二是可促进土壤团粒结构形成，改善土壤内部孔隙空间，增加土壤透气性，协调土壤中肥、水、气、温比例，恢复由于土壤负担过重和污染而失去的天然胶质平衡，有效调节土壤酸化、盐化、板结危害；三是可补充和活化土壤的中微量元素，缓解缺素症状，为作物生长创造良好根际环境。

（3）调控肥料　一是氮的缓释作用。海藻肥与尿素共混后发生相互作用，可延缓尿素在土壤中的释放和转化进程，使氮肥具有长效性。发酵海藻液具有良好的抑制土壤脲酶活性的效果，对土壤脲酶活性的抑制率达25%以上，可减少氮肥挥发。二是磷的防固定作用，增强移动性。海藻中有机成分不但可与土壤的钙、镁、锌等中微量元素结合，减少磷肥在土壤中的固定，而且具有吸水膨胀性，可将磷肥分解为许多微粒，快速提高磷肥微粒的表面积，水溶速度较常规磷肥提高5~20倍，增强磷在土壤中的移动性，使作物"水—肥—根"在时间和空间上实现高度耦合，大幅提高肥料效率。

3）海藻肥的施用

（1）作为基肥　每亩大棚甜瓜施200~300千克海藻有机肥，同时配施17-17-17海藻酸复合肥30千克。

（2）作为冲施肥　在甜瓜生长期作为冲施肥，在膨瓜期每亩冲施海藻酸有机水溶肥3千克配合高钾水溶肥5千克，连续冲施2次。

（3）作为叶面肥　在甜瓜生长期叶面喷施，在甜瓜生长发育期每亩叶面喷施海藻酸500克，连续喷施3~4次。

（二）大棚甜瓜无土栽培技术

甜瓜无土栽培是近年来新兴的一种栽培模式，具有节水、节肥、省工，减少病虫害危害，提高甜瓜产量和品质，实现甜瓜标准化、绿色可持续发展等优点，其发展前景比较广阔。

甜瓜采用无土栽培，可充分利用大棚空间，有效地克服甜瓜的重茬连作障碍，获得很好的经济效益。

1. 栽培设施及准备　日光温室及大拱棚内进行甜瓜有机基质无土栽培，首先要进行栽培槽、供液供肥系统和有机基质的准备。

1）栽培槽　将棚室内地面整平后，按 1.5 米左右槽距，挖上口宽、底宽、高分别为 35 厘米、25 厘米、25 厘米的栽培槽。栽培槽横断面为等腰梯形，与土壤不隔离，槽间可铺盖地膜。

2）供液供肥系统　采用性能优良的微滴灌系统，每个槽内铺 1 条微滴灌带或滴灌管，注意保持滴水孔的畅通。微滴灌可与配套的施肥器相连，实现肥水一体化管理。追施的化肥应采用易溶解的冲施肥。

3）有机基质　有机基质栽培的养分主要来源于有机肥，部分来自化肥。有机肥可因地制宜采用充分腐熟的鸡粪、牛粪、羊粪、猪粪等或发酵烘干的颗粒有机肥，也可采用发酵的作物（玉米、小麦等）秸秆。畜禽粪便均需晾干后捣细施用。常用栽培基质配方（体积比）为发酵稻壳：腐熟鸡粪：河沙 =3：1：1，发酵稻壳：腐熟鸡粪：腐熟牛粪：河沙 =3：1：5：3。

新稻壳表面附着易发酵物质，可与少量鸡粪混合喷湿后，盖膜封闭发酵 10～15 天，晾干备用。稻壳直接利用会因短暂发酵放热而导致烧苗。

2. 品种选择及育苗　同常规管理。

3. 定植

1）定植前棚室消毒　棚室在定植前要进行消毒，每亩用 80% 敌敌畏乳油 250 克拌上锯末，与 2 000～3 000 克硫黄粉混合，分 8～10 处点燃，密闭一昼夜，放风后无药味时再定植。

2）定植方法和密度　秧苗三叶一心时定植。定植前 3～4 天将栽培槽浇透水，定植前 1 天秧苗浇 1 次水，采用暗水坐苗法，每槽定植 2 行，株距 40 厘米，每亩定植 2 100～2 200 株。

3）定植后的管理

（1）棚温管理　棚温管理同常规管理。

（2）水肥管理　基质中养分充足，整个生育期只需在结果初期和盛果期追肥 2 次。定植后至伸蔓前，应控制浇水，以免降低地温，影响幼苗根系发育。至结果初期，可随水追施一次氮肥，适当配合磷肥、钾肥，每亩追施尿素 15 千克、磷酸二铵 15 千克。幼瓜长至鸡蛋大时，进入膨瓜期，可每亩追施硫酸钾 10 千克、磷酸二铵 20 千克，随水冲施。此肥水后，尽量不浇水，如土壤干燥，也只能浇小水。

（3）整枝打杈　栽培过程应严格整枝，实行吊秧栽培。在 25～30 片叶时摘心。

可采取单层留瓜或双层留瓜。单层留瓜在主蔓的第 11~15 节留瓜；双层留瓜在主蔓的第十一至十五节、第二十至二十五节各留一层瓜。

（4）保花保果　在预留节位的雌花开放时，人工授粉。当幼果长至鸡蛋大时，应选留瓜。一般小果型品种每层可留 2 瓜，而大果型品种每层只留 1 个。当幼瓜长到 0.25 千克以时，应及时吊瓜。

4）主要病虫害防治　有机基质型无土栽培避免了植株与土壤接触，很少有土传病害的发生，同时环境条件可人为调控，也减少了染病机会。但在后期也应加强地上部病害，如霜霉病、白粉病、灰霉病、炭疽病等防治，同时注意防治蚜虫、白粉虱、红蜘蛛、美洲潜叶蝇等。

5）采收　有机基质无土栽培的甜瓜，属于高档果品，因此，采收要求严格。不同品种自开花至成熟的时间差异很大，栽培时可在开花坐果时做出标记，达到成熟日期进行采收。采收前 10~15 天停止浇水，以利提高果品品质。采收应在早上温度较低，瓜表面无露水时进行。采收及装运过程中要轻拿轻放，以减少机械损伤。

6）基质消毒和重复利用　夏季换茬时，可在栽培槽中直接按旧基质：腐熟鸡粪（晾干捣碎）=10：1 的比例添加腐熟鸡粪，并每亩添加 80 千克氰氨化钙，与旧基质充分混匀后浇透水，然后盖严塑料薄膜，密封温室 10~15 天消毒。消毒后揭去塑料薄膜，将基质重新翻松晾晒 5~7 天，即可进行下一茬甜瓜栽培。